いちばん強《つよ》いヤ

ドラゴンVSビースト 凶《きょう》獣《じゅう》王《おう》 超《ちょう》バトル図《ず》鑑《かん》

永岡書店

はじめに

**ドラゴン軍団《ぐんだん》とビースト 軍団《ぐんだん》が激突《げきとつ》し
バケモノ界の最強王者《さいきょうおうじゃ》を決《き》める
『超《ちょう》バトル図鑑《ずかん》』!! ルール無用《むよう》の
完全《かんぜん》デスマッチ、頂点《ちょうてん》を極《きわ》めるのは誰《だれ》だ !?**

世界中《せかいじゅう》のモンスターや化《ば》け物《もの》の中《なか》でナンバーワンを決《き》めようとした場合《ばあい》、最《もっと》も有力《ゆうりょく》なのが龍《りゅう》（ドラゴン）の一族《いちぞく》である。その戦闘能力《せんとうのうりょく》はすさまじく、もはや単《たん》なるモンスターではなく、神《かみ》の域《いき》にまで達《たっ》している。こうなると他《ほか》のモンスター一族《いちぞく》は圧《あっ》とう的《てき》に不利《ふり》である。

そこで、本書《ほんしょ》では、よく知《し》られた龍《りゅう》（ドラゴン）に限定《げんてい》せず、龍《りゅう》の一族《いちぞく》とはいえ、他《ほか》の本《ほん》では見《み》られないようなマニアックなものからも選《えら》び出《だ》し、ドラゴン軍《ぐん》としてまとめ上《あ》げた。それに対《たい》するビースト軍《ぐん》は、多様《たよう》なモンスター一族《いちぞく》の中《なか》から選《よ》りすぐりの個性的《こせいてき》なものをラインナップしチーム編成《へんせい》した。この辺《へん》の選定《せんてい》の妙《みょう》は、著者《ちょしゃ》である私《わたし》、山口敏太郎《やまぐちびんたろう》ならではである。

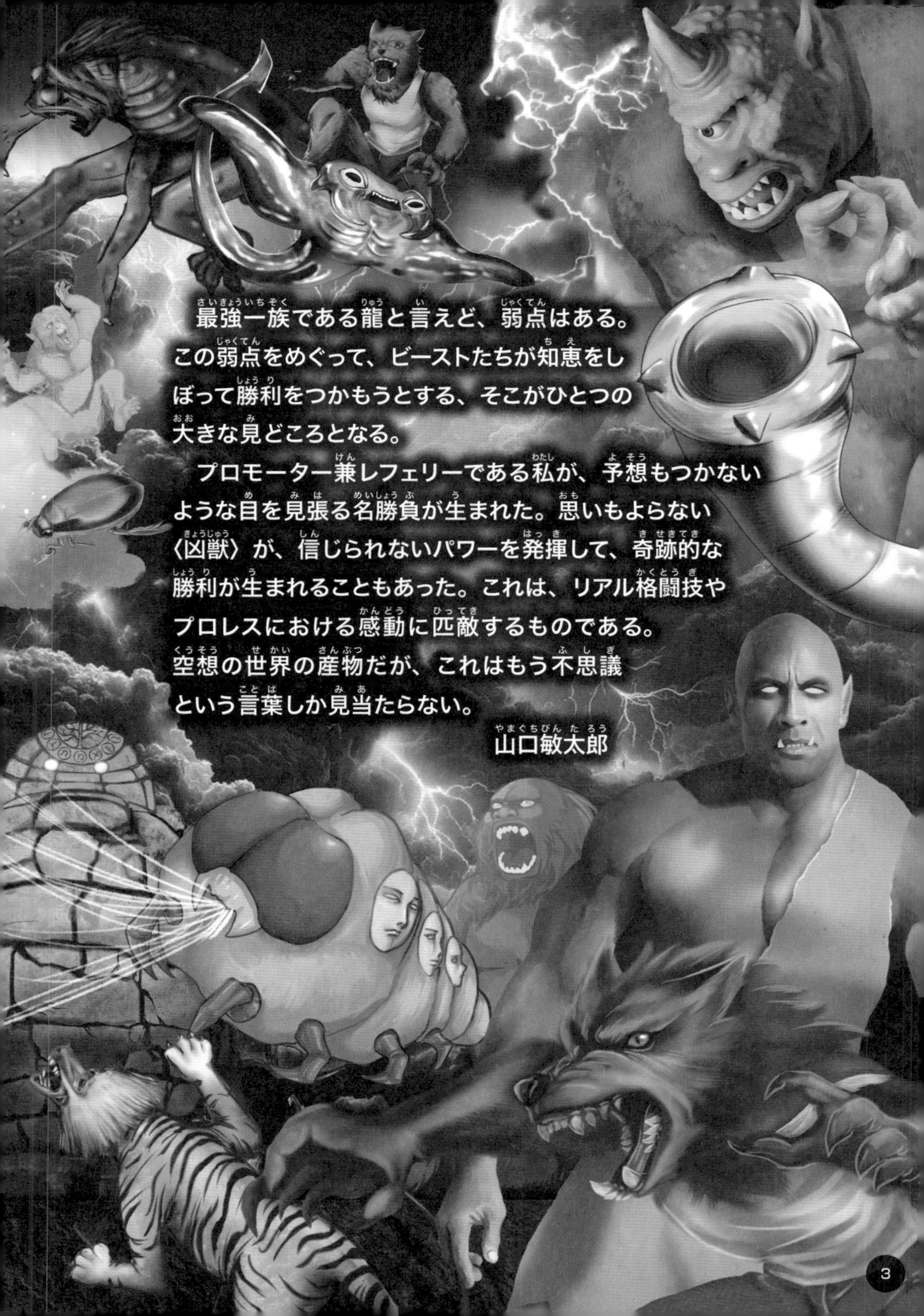

最強一族《さいきょういちぞく》である龍《りゅう》と言《い》えど、弱点《じゃくてん》はある。この弱点《じゃくてん》をめぐって、ビーストたちが知恵《ちえ》をしぼって勝利《しょうり》をつかもうとする、そこがひとつの大《おお》きな見《み》どころとなる。

プロモーター兼《けん》レフェリーである私《わたし》が、予想《よそう》もつかないような目《め》を見《み》張《は》る名勝負《めいしょうぶ》が生《う》まれた。思《おも》いもよらない〈凶獣《きょうじゅう》〉が、信《しん》じられないパワーを発揮《はっき》して、奇跡的《きせきてき》な勝利《しょうり》が生《う》まれることもあった。これは、リアル格闘技《かくとうぎ》やプロレスにおける感動《かんどう》に匹敵《ひってき》するものである。空想《くうそう》の世界《せかい》の産物《さんぶつ》だが、これはもう不思議《ふしぎ》という言葉《ことば》しか見《み》当《あ》たらない。

山口敏太郎《やまぐちびんたろう》

いちばん強《つよ》いヤツはだれだ!?

対戦表《たいせんひょう》

- 五頭龍《ごずりゅう》
- シーエレファント
- 出世《しゅっせ》ぼら
- ユキヨシさま
- リヴァイアサン　レジェンド
- 印旛沼《いんばぬま》の龍《りゅう》
- 雲《くも》の巨人《きょじん》
- アジ・ダハーカ
- ミニョコン
- フランケンシュタイン　レジェンド
- 八頭《やつがしら》
- ロビソン
- 燭陰《しょくいん》
- スペースクリッター
- ケツァルコアトル　レジェンド
- ヒュドラ
- エンフィールドホラー
- 応龍《おうりゅう》
- サルトラヘビ
- ビッグフィンガー　レジェンド

1 P8
2 P11
3 P14
4 P17
5 P20
6 P23
7 P26
8 P29

17 P62
18 P65
19 P68
20 P71

25 P88
26 P92
27 P96
28 P100

準々決勝《じゅんじゅんけっしょう》 33 P124
準々決勝《じゅんじゅんけっしょう》 34 P127

準決勝《じゅんけっしょう》 37 P142

決勝《けっしょう》 39 P151

ドラゴン軍《ぐん》のエンブレム

CONTENTS

ドラゴン謎《なぞ》コラム

幻獣の中でも最強といわれるドラゴン軍と、荒くれ者《もの》の怪物《かいぶつ》たちを集《あつ》めたビースト軍《ぐん》。それぞれの顔《かお》ぶれが出《で》そろった！ シード枠《わく》に配《はい》置《ち》されたのは、最強《さいきょう》をほこるレジェンド級《きゅう》のドラゴンとビーストたちだ。最凶《さいきょう》の生命体《せいめいたい》を決定《けってい》する頂上決戦《ちょうじょうけっせん》が今始《いまはじ》まる！

ビースト軍《ぐん》のエンブレム

エキシビション

ルール解説《かいせつ》

2つのチームで戦《たたか》うトーナメント戦《せん》

幻獣界最強《げんじゅうかいさいきょう》ともいわれ、数多《かずおお》くの伝承《でんしょう》を持《も》つ「ドラゴン軍《ぐん》」と、世界各地《せかいかくち》の怪物《かいぶつ》から選《え》りすぐりの強者《つわもの》を集《あつ》めた「ビースト軍《ぐん》」が、プライドをかけてぶつかりあうトーナメント戦《せん》。それぞれのチームで特《とく》に強《つよ》いとされている者《もの》を「レジェンド選手《せんしゅ》」として、シード枠《わく》に置《お》くことができる。

勝《か》ち進《すす》むと、同《おな》じチームの選手《せんしゅ》どうしで戦《たたか》う場合《ばあい》もある。

ドラゴン軍《ぐん》

龍《りゅう》のルーツとも言《いわ》れる蛇《へび》、東洋《とうよう》の龍《りゅう》や西洋《せいよう》のドラゴン、宇宙《うちゅう》からやってきた謎《なぞ》のドラゴンなどが加《くわ》わり、最強軍団《さいきょうぐんだん》が結成《けっせい》された。

ビースト軍《ぐん》

誰《だれ》もが知《し》っている西洋《せいよう》のモンスターから、神《しん》話《わ》の中《なか》に登場《とうじょう》する魔《ま》獣《じゅう》、日本《にほん》の妖怪《ようかい》にいたるまで、世界各地《せかいかくち》の荒《あら》くれ者《もの》たちが集結《しゅうけつ》した。

何《なん》でもありのデスバトル

トーナメントで対戦《たいせん》するドラゴンとビーストは、何《なん》でもありのルールで戦《たた》う。相手《あいて》を絶命《ぜつめい》させたり、戦闘不能《せんとうふのう》にしたりすれば勝利《しょうり》となる。戦《たたか》うフィールド（場所《ばしょ》）はAI《エーアイ》が戦力《せんりょく》バランスを考《かんが》えて設定《せってい》する。相手《あいて》が複数《ふくすう》でしかけてきたときは、こちらも複数《ふくすう》で応戦《おうせん》できる。

優勝《ゆうしょう》した幻獣《げんじゅう》がいる軍団《ぐんだん》の勝利《しょうり》！

トーナメントを最後《さいご》まで勝《か》ち進《すす》んだ幻獣《げんじゅう》は、『凶獣王《きょうじゅうおう》』の称号《しょうごう》を手《て》にし、その幻獣《げんじゅう》が所属《しょぞく》する軍団《ぐんだん》の勝利《しょうり》となる。

エキシビションとは？

メインのバトルであるトーナメント戦《せん》とは別《べつ》のコンセプトによる特別《とくべつ》なバトルを3試合設定《しあいせってい》した。

Battle《バトル》

1 → 16

1回戦《かいせん》

データの見方《みかた》

●サイズについて

小学校《しょうがっこう》４年生《ねんせい》の平均身長《へいきんしんちょう》
140cm《センチメートル》を目安《めやす》にしています。

●ライフメーターについて

赤《あか》はドラゴン、青《あお》はビースト
のライフメーターです。

Battle 01
第1回戦

五《いつ》つ首《くび》を持《も》つ凶暴龍《きょうぼうりゅう》 VS.荒《あ》れ狂《くる》う海《うみ》の暴君《ぼうくん》

インド洋《よう》の乱暴者《らんぼうもの》
シーエレファント

DATA

分類《ぶんるい》 ゾウ（UMA《ユーマ》）
地域《ちいき》 インド洋《よう》
時代《じだい》 20世紀初頭《せいきしょとう》
武器《ぶき》 水面《すいめん》をらくらくと泳《およ》ぐ

体長《たいちょう》 10m《メートル》
形態《けいたい》 ゾウそのもの

高速《こうそく》の異次元攻撃《いじげんこうげき》
五頭龍《ごずりゅう》

DATA

分類《ぶんるい》 龍《りゅう》（妖怪《ようかい》）
地域《ちいき》 神奈川県《かながわけん》・江ノ島《えのしま》
時代《じだい》 古代《こだい》から
武器《ぶき》 空《そら》にのびる凶暴《きょうぼう》な首《くび》

体長《たいちょう》 20-30m《メートル》
形態《けいたい》 多頭《たとう》の龍《りゅう》

ドラゴン軍《ぐん》

神《か》奈川県江ノ島《ながわけんえのしま》に、かつて出《しゅつ》没《ぼつ》した5つの頭《あたま》を持《も》つ龍《りゅう》。人間《にんげん》をおそい捕食《ほしょく》する恐《おそ》ろしい乱暴者《らんぼうもの》であった。しかし、恋《こい》をした女神《めがみ》の説得《せっとく》で改心《かいしん》し、人《ひと》びとをおそう悪龍《あくりゅう》から地元《じもと》の人《ひと》びとを守《まも》る善良《ぜんりょう》な龍《りゅう》に変《か》わった。豪《ごう》気《き》でありながらも、意外《いがい》に純情《じゅんじょう》な一面《いちめん》がある。

戦力分析《せんりょくぶんせき》

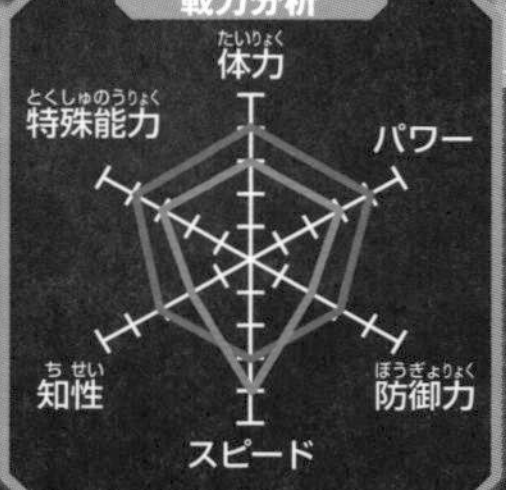

ビースト軍《ぐん》

20世紀初頭《せいきしょとう》、インドの沿《えん》海部《がんぶ》で自由自在《じゆうじざい》に泳《およ》ぎまくるゾウが目撃《もくげき》された。そのゾウは、耳《みみ》を大《おお》きなヒレのように動《うご》かし、海《うみ》の中《なか》をわが物顔《ものがお》で泳《およ》ぎまくったという。ときどき死《し》んでいるシーエレファントが、浜辺《はまべ》に漂着《ひょうちゃく》することもあったと言《い》われている。

シーン1 シーエレファント、海上《かいじょう》を猛突進《もうとつしん》

空《そら》いっぱいに広《ひろ》がった黒雲《こくうん》、それと同時《どうじ》に五《ご》頭龍《ずりゅう》が姿《すがた》を現《あらわ》す。5つのそれぞれの口《くち》からは、チロチロと赤《あか》い舌《した》を出《だ》している。シーエレファントは、左右《さゆう》の耳《みみ》をバタバタと動《うご》かし、五頭龍《ごずりゅう》に向《む》かって一直線《いっちょくせん》に猛《もう》スピードで泳《およ》いでいく。

シーン2 シーエレファント、五頭龍《ごずりゅう》を海中《かいちゅう》に

五頭龍《ごずりゅう》の首《くび》の1つがシーエレファントにかみつく。それを逆《ぎゃく》に利用《りよう》して五頭龍《ごずりゅう》の頭《あたま》の上《うえ》にのぼるシーエレファント。さらに、1つ2つと首《くび》を階段《かいだん》のようにのぼっていき、最上部《さいじょうぶ》まで行《い》くと五頭龍《ごずりゅう》にかみつき、全体重《ぜんたいじゅう》をかけて水中《すいちゅう》に引《ひ》きずりこむ。

シーン3 五頭龍《ごずりゅう》、残《のこ》りの首《くび》で反撃《はんげき》

海中《かいちゅう》でもがく両者《りょうしゃ》、シーエレファントの牙《きば》が五頭《ごず》龍《りゅう》にめりこんだ。だが、五頭龍《ごずりゅう》の残《のこ》り４つの首《くび》が、シーエレファントの手《て》足《あし》にかみつく。そして空《くう》中高《ちゅうたか》く持《も》ち上《あ》げて引《ひ》きさく。海面《かいめん》に、バラバラになったシーエレファントが浮《う》かんだ。

勝者《しょうしゃ》 ドラゴン軍《ぐん》 五頭龍《ごずりゅう》

バトル結果《けっか》

シーエレファントは、自《みずか》らが得意《とくい》な戦場《せんじょう》である海《うみ》に五頭龍《ごずりゅう》を引《ひ》きずりこみ、頭《あたま》の1つに大《だい》ダメージを与《あた》える。しかし、残《のこ》り4つの頭《あたま》による攻撃《こうげき》に対《たい》応《おう》しきれず敗《やぶ》れた。

海《うみ》の不敗王者《ふはいおうじゃ》 VS.最強《さいきょう》の昆虫《こんちゅう》キング

DATA

分類《ぶんるい》 貝《かい》（妖怪《ようかい》）
地域《ちいき》 東《ひがし》アジア沿岸《えんがん》
時代《じだい》 神話時代《しんわじだい》から
武器《ぶき》 海流《かいりゅう》を吹《ふ》きつける

3段階《だんかい》で進化《しんか》した恐怖《きょうふ》のほら貝《がい》

出世《しゅっせ》ぼら

体長《たいちょう》 数十《すうじゅう》m《メートル》
形態《けいたい》 龍神《りゅうじん》であり、下半身《かはんしん》はほら貝《がい》に入《はい》っている

DATA

分類《ぶんるい》 昆虫《こんちゅう》（妖怪《ようかい》）
地域《ちいき》 養蚕《ようさん》が盛《さか》んな地域《ちいき》
時代《じだい》 20世紀《せいき》
武器《ぶき》 体当《たいあ》たり、糸《いと》

生《い》きるものをことごとく糸《いと》でしばる

ユキヨシさま

体長《たいちょう》 3～4m《メートル》
形態《けいたい》 カイコに似《に》ている

ドラゴン軍《ぐん》

もとはただのほら貝《がい》だが、山《やま》で3000年《ねん》、里《さと》で3000年《ねん》、海《うみ》で3000年《ねん》過《す》ごすと、この怪物《かいぶつ》になるといわれる。龍《りゅう》の化《け》身《しん》であり、凶悪《きょうあく》なことこの上《うえ》ない。もぐっていた穴《あな》から出《で》るとき、ものすごい音《おと》がし、災害《さいがい》が起《お》こることもあるという。貝《かい》がらにこもり、鉄《てっ》ぺきの防《ぼう》ぎょをする。

戦力分析《せんりょくぶんせき》

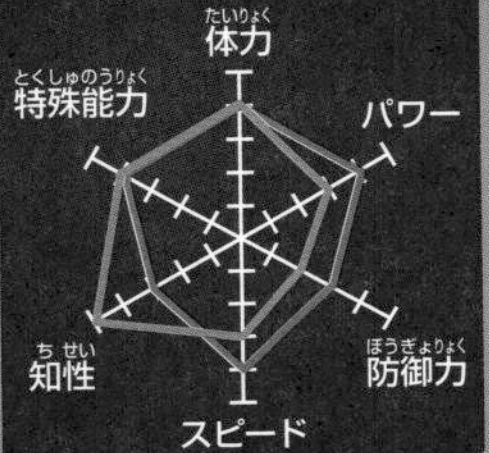

ビースト軍《ぐん》

形《かたち》は昆虫《こんちゅう》のカイコに似《に》ているが、体《からだ》は非常《ひじょう》に巨大《きょだい》で、養蚕《ようさん》が盛《さか》んな地域《ちいき》の山《やま》に住《す》んでいる。山《やま》に入《はい》ってきた子《こ》どもに、後《うし》ろからのしかかり、命《いのち》をうばう。唯一《ゆいいつ》の弱点《じゃくてん》は、あやとりで「蛾《が》」を連想《れんそう》させる形《かたち》を作《つく》り、それを断《た》ち切《き》ると、たちまち逃《に》げ出《だ》してしまう。

シーン1 出世《しゅっせ》ぼら、海水《かいすい》を吹《ふ》きつける

流木《りゅうぼく》に乗《の》って日本海《にほんかい》をまっすぐ北上《ほくじょう》するユキヨシさま。目《め》の前《まえ》の海《うみ》が割《わ》れて、超巨大《ちょうきょだい》なほら貝《がい》が現《あらわ》れる。だまってにらみ合《あ》う両者《りょうしゃ》、流《なが》れる緊張感《きんちょうかん》。やがて、貝《かい》の中《なか》から龍《りゅう》が顔《かお》を出《だ》しニヤリと笑《わら》うと、ものすごい量《りょう》の海水《かいすい》を相手《あいて》に吹《ふ》きつける。その水流《すいりゅう》によってユキヨシさまは苦《くる》しむ。

シーン2 出世《しゅっせ》ぼら、するどい牙《きば》で攻撃《こうげき》

ここがチャンスと見《み》た出世《しゅっせ》ぼらは、その龍体《りゅうたい》をあらわにし、ユキヨシさまに飛《と》びつき、するどい牙《きば》をめりこませていく。ユキヨシさまは、苦《くる》しさで顔《かお》をゆがませる。

シーン3 ユキヨシさま、糸《いと》でからめとる

両者《りょうしゃ》もつれ合《あ》って海中《かいちゅう》にしずんでいく。ユキヨシさまが糸《いと》をはくと、糸《いと》はそのまま出世《しゅっせ》ぼらの体《からだ》にまとわりつき、やがて貝《かい》ごと糸《いと》に巻《ま》きとられる。身動《みうご》きのとれなくなった出世《しゅっせ》ぼらは、海《うみ》深《ふか》く落《お》ちて呼吸《こきゅう》ができなくなり、やがて絶命《ぜつめい》する。

勝者《しょうしゃ》 ビースト軍《ぐん》 ユキヨシさま

バトル結果《けっか》

終始《しゅうし》、出世《しゅっせ》ぼらの攻撃《こうげき》におされていたユキヨシさま。しかし、出世《しゅっせ》ぼらを貝《かい》ごと糸《いと》でからめとり、その重《おも》さで海底《かいてい》にしずめる作戦《さくせん》で、見事勝利《みごとしょうり》をつかんだ。

Battle 03
第1回戦

3つに分《ぶん》れつした龍《りゅう》 VS.全身《ぜんしん》が雲《くも》でできた怪物《かいぶつ》

分《ぶん》れつと合体《がったい》をくり返《かえ》す合体超獣《がったいちょうじゅう》
印旛沼《いんばぬま》の龍《りゅう》

DATA

分類《ぶんるい》 龍《りゅう》（妖怪《ようかい》）
地域《ちいき》 千葉県《ちばけん》・印旛沼《いんばぬま》
時代《じだい》 数百年前《すうひゃくねんまえ》
武器《ぶき》 三位一体《さんみいったい》の攻撃《こうげき》

体長《たいちょう》 数百《すうひゃく》m《メートル》
形態《けいたい》 3つに分裂《ぶんれつ》した龍体《りゅうたい》

雲《くも》と共《とも》に現《あらわ》れ、雲《くも》と共《とも》に去《さ》る
雲《くも》の巨人《きょじん》

DATA

分類《ぶんるい》 巨人《きょじん》（UMA《ユーマ》）
地域《ちいき》 南《みなみ》アフリカ
時代《じだい》 2020年《ねん》ごろ
武器《ぶき》 巨大《きょだい》なパワー、しゅん間移動《かんいどう》

体長《たいちょう》 35～40m《メートル》
形態《けいたい》 巨大《きょだい》な体《からだ》と長《なが》い手足《てあし》を持《も》つ

ドラゴン軍《ぐん》

昔《むかし》、千葉県《ちばけん》の印旛沼《いんばぬま》では、長期間《ちょうきかん》雨《あめ》が降《ふ》らないききんが続《つづ》いた。そこで、沼《ぬま》に住《す》む龍神《りゅうじん》が雷神《らいじん》に願《ねが》うと、雨《あめ》が降《ふ》ったが、ひきかえに雷神《らいじん》によって頭《あたま》と腹《はら》と尾《お》の3つに引《ひ》きさかれた。印旛沼《いんばぬま》の龍《りゅう》は、3つの体《からだ》の部位《ぶい》を合体《がったい》&分《ぶん》れつさせる能力《のうりょく》を持《も》ち、トリッキーな戦術《せんじゅつ》で戦《たたか》う。

戦力分析《せんりょくぶんせき》

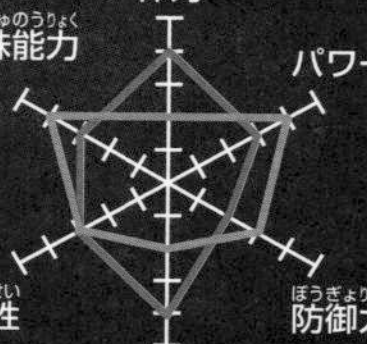

ビースト軍《ぐん》

南《みなみ》アフリカに出現《しゅつげん》した巨大《きょだい》な雲《くも》の魔物《まもの》で、その胴体《どうたい》からのびる長《なが》い手足《てあし》による攻撃《こうげき》は、すさまじいパワーを持《も》っている。たとえ巨大《きょだい》な龍族《りゅうぞく》が相手《あいて》であっても、簡単《かんたん》にたおされることはないだろう。しゅん間的《かんてき》に消《き》えたり、しゅん時《じ》に移動《いどう》したりも可能《かのう》だ。

オーストラリアの大地《だいち》を雲《くも》の巨人《きょじん》がゆっくり歩《ある》いている。そこへ、突然《とつぜん》飛《と》んできた印旛沼《いんばぬま》の龍《りゅう》がおそいかかろうと、距離《きょり》をつめる。

シーン1 印旛沼《いんばぬま》の龍《りゅう》、先制攻撃《せんせいこうげき》でかみつく

シーン2 印旛沼《いんばぬま》の龍《りゅう》、三位一体攻撃《さんみいったいこうげき》

印旛沼《いんばぬま》の龍《りゅう》は、体《からだ》を3つに分《ぶん》れつさせて、おそいかかる。雲《くも》の巨人《きょじん》は、とびかかってきた印旛《いんば》沼《ぬま》の龍《りゅう》の頭《あたま》の攻撃《こうげき》を受《う》け止《と》める。すると、左右《さゆう》から残《のこ》りの胴《どう》体《たい》と尻尾《しっぽ》が飛《と》んでくる。はさみ撃《う》ちの攻撃《こうげき》を受《う》けて、再《ふたた》びたおれこむ巨人《きょじん》。

シーン 3 雲《くも》の巨人《きょじん》、上空《じょうくう》から体当《たいあ》たり

Winner!

勝者《しょうしゃ》 ビースト軍《ぐん》 雲《くも》の巨人《きょじん》

巨人危《きょじんあや》うし。だが、そのしゅん間《かん》、雲《くも》の巨人《きょじん》の姿《すがた》が消《き》える。印旛沼《いんばぬま》の龍《りゅう》がキョロキョロと左右《さゆう》を探《さが》す。すると、上空《じょうくう》から巨人《きょじん》が大《だい》の字《じ》になって落下《らっか》してくる。巨人《きょじん》のジャイアントボディプレスがさくれつし、竜神《りゅうじん》の頭《あたま》、胴体《どうたい》、尻尾《しっぽ》がぺちゃんこになる。

バトル結果《けっか》

印旛沼《いんばぬま》の龍《りゅう》の頭《あたま》、胴体《どうたい》、尻尾《しっぽ》の三位一体攻撃《さんみいったいこうげき》に苦《くる》しんだ雲《くも》の巨人《きょじん》であったが、最後《さいご》は特技《とくぎ》を活《い》かした体当《たいあ》たりでとどめをさした。

三《み》つ首《くび》を持《も》つ魔神《まじん》 VS.軟体界《なんたいかい》のチャンピオン

疾風《しっぷう》の牙《きば》
アジ・ダハーカ

DATA
分類《ぶんるい》 龍《りゅう》（怪物《かいぶつ》）
地域《ちいき》 古代《こだい》ペルシャ
時代《じだい》 神話時代《しんわじだい》から
武器《ぶき》 三《み》つ首《くび》を使《つか》った攻撃《こうげき》

体長《たいちょう》 数百《すうひゃく》m《メートル》
形態《けいたい》 三《み》つ首《くび》の龍《りゅう》の姿《すがた》

狂乱《きょうらん》の貴公子《きこうし》
ミニョコン

DATA
分類《ぶんるい》 ミミズ（UMA《ユーマ》）
地域《ちいき》 ブラジル
時代《じだい》 18世紀《せいき》から
武器《ぶき》 無制限《むせいげん》にのびる体《からだ》、硬《かた》い皮《ひ》ふ、再生能力《さいせいのうりょく》

体長《たいちょう》 胴回《どうまわ》り6m《メートル》、全長《ぜんちょう》は90m《メートル》
形態《けいたい》 巨大《きょだい》なミミズのような姿《すがた》

ドラゴン軍《ぐん》

空《そら》に広《ひろ》がる巨大《きょだい》な体《からだ》から、3本《ぼん》の首《くび》がのび、それぞれの口《くち》からはするどい牙《きば》が生《は》えている。3つの頭《あたま》にはそれぞれ脳《のう》が備《そな》わっていて、同時《どうじ》に別《べつ》のことを考《かんが》えることができる。古《ふる》くからさまざまな神《かみ》と戦《たたか》っており、中《なか》でも火《ひ》の神《かみ》アータルとの激闘《げきとう》はよく知《し》られる。

戦力分析《せんりょくぶんせき》

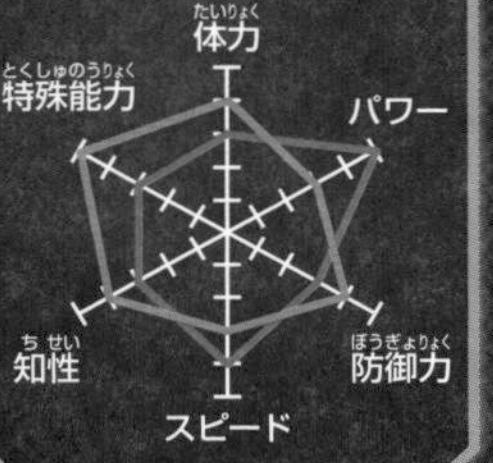

ビースト軍《ぐん》

ブラジルのアマゾンに生息《せいそく》するとされる伝説《でんせつ》の生物《せいぶつ》。今《いま》まで何《なに》もなかった場所《ばしょ》に大《おお》きな穴《あな》があいたり、巨木《きょぼく》がたおれたりすると、原住民《げんじゅうみん》の間《あいだ》ではミニョコンのしわざとうわさされてきた。目撃情報《もくげきじょうほう》によると、その長《なが》い体《からだ》でゾウをしめ殺《ころ》したとも言《い》われている。

南太平洋《みなみたいへいよう》

シーン1

アジ・ダハーカ、火炎放射《かえんほうしゃ》で攻撃《こうげき》

南太平洋《みなみたいへいよう》の海上《かいじょう》をひたすら泳《およ》いでいくミニョコン。それを上空《じょうくう》からながめていたアジ・ダハーカが、突然《とつぜん》３つの口《くち》から火炎《かえん》を吹《ふ》きつける。ものすごい火炎《かえん》放射《ほうしゃ》により、黒《くろ》こげになるミニョコン。

シーン2

アジ・ダハーカ、ミニョコンを飲《の》みこむ

すかさず上空《じょうくう》から舞《ま》い降《お》りたアジ・ダハーカが、ミニョコンにかみつきバラバラにする。さらに、その断片《だんぺん》を３つの口《くち》それぞれでくわえ、ゴクリと飲《の》みこむ。

勝利《しょうり》の笑《え》みを浮《う》かべるアジ・ダハーカ。しかし、とつじょ目玉《めだま》を大《おお》きくふくらませたかと思《おも》うと、「グエッ」という音《おと》を上《あ》げてたおれる。その目玉《めだま》から小《ちい》さなミニョコンがたくさんはい出《だ》してくる。バラバラにされたミニョコンが体《からだ》の中《なか》で、再生《さいせい》したのだ。アジ・ダハーカは、海上《かいじょう》で息絶《いきた》える。

Winner!

勝者《しょうしゃ》　ビースト軍《ぐん》　ミニョコン

シー 3

ミニョコン、驚異《きょうい》の再生能力《さいせいのうりょく》

バトル結果《けっか》

アジ・ダハーカの破《は》かい力《りょく》ある連続攻撃《れんぞくこうげき》の前《まえ》に、圧《あっ》とうされたミニョコンであったが、最後《さいご》は再生《さいせい》能力《のうりょく》を発揮《はっき》させて、見事《みごと》、アジ・ダハーカを打《う》ち破《やぶ》った。

Battle 05
第1回戦

変《へん》化《か》する人間《にんげん》の顔《かお》をしたコブ vs.毛《け》だらけの多毛人間《たもうにんげん》

吸収《きゅうしゅう》した相手《あいて》の能力《のうりょく》をうばう
八頭《やつがしら》

DATA

分類《ぶんるい》 蛇《へび》（妖怪《ようかい》）
地域《ちいき》 高知県《こうちけん》
時代《じだい》 神話時代《しんわじだい》から
武器《ぶき》 吸収《きゅうしゅう》、人間《にんげん》の頭《あたま》（コブ）攻撃《こうげき》

体長《たいちょう》 4～8m《メートル》
形態《けいたい》 8つの首《くび》を持《も》つ

南《みなみ》アメリカの獣人《じゅうじん》
ロビソン

DATA

分類《ぶんるい》 獣人《じゅうじん》（UMA《ユーマ》）
地域《ちいき》 南《みなみ》アメリカ
時代《じだい》 20世紀《せいき》
武器《ぶき》 するどい牙《きば》と爪《つめ》、身軽《みがる》な動《うご》き

体長《たいちょう》 170～190cm《センチメートル》
形態《けいたい》 全身《ぜんしん》に毛《け》が生《は》えている

ドラゴン軍《ぐん》

高知県《こうちけん》の山奥《やまおく》に住《す》んでいるヘビの妖怪《ようかい》で、8つの首《くび》を持《も》ち、それぞれが人間《にんげん》の首《くび》になっている。飲《の》みこんだ人間《にんげん》を、その首《くび》のひとつに加《くわ》え、その人間《にんげん》が持《も》つ能力《のうりょく》をもわが物《もの》にすることができる。一説《いっせつ》には、神話時代《しんわじだい》から生《い》きているとされる。

戦力分析《せんりょくぶんせき》

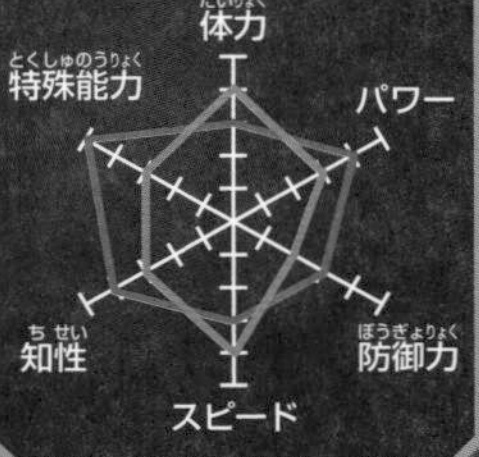

ビースト軍《ぐん》

ヨーロッパからの移民《いみん》が、南米大陸《なんべいたいりく》にとう着《ちゃく》すると同時《どうじ》に発生《はっせい》した怪物《かいぶつ》。全身《ぜんしん》が毛《け》だらけでごう毛《もう》におおわれている。非常《ひじょう》に凶暴《きょうぼう》で、ゴリラなみの腕力《わんりょく》をほこり、食《く》らいついたらはなさない。夜《よる》に墓場《はかば》に現《あらわ》れて、まいそうされた人間《にんげん》をエサにしているという。

シーン1
ロビソン、月《つき》を見《み》て獣人《じゅうじん》化《か》

夕日《ゆうひ》がしずみつつあるニューカレドニア。見晴《みは》らしのいい原野《げんや》で八頭《やつがしら》がカマ首《くび》をもたげて周囲《しゅうい》を警《けい》かいしている。姿勢《しせい》を低《ひく》くして草《くさ》むらにかくれている人間《にんげん》の姿《すがた》のロビソン。空《そら》に月《つき》が出《で》てくると、ロビソンの全身《ぜんしん》から毛《け》が生《は》え始《はじ》め、獣人《じゅうじん》の姿《すがた》に変身《へんしん》。

ロビソンは奇声《きせい》とともに高《たか》くジャンプして、八頭《やつがしら》におそいかかる。するどい爪《つめ》で１本《ぽん》の首《くび》を落《お》としたロビソンは、すかさず傷口《きずぐち》に食《く》らいつく。

シーン2
ロビソン、首《くび》を切《き》り、食《く》らいつく

シーン3 八頭《やつがしら》、ロビソンを吸収《きゅうしゅう》

八頭《やつがしら》の傷口《きずぐち》に食《く》らいついているロビソン。しかし、八頭《やつがしら》の体《からだ》が一回《ひとまわ》り大《おお》きくなると、逆《ぎゃく》にロビソンを吸《す》いこみ始《はじ》める。ついに八頭《やつがしら》がロビソンを食《く》らいつくすと、8つ目《め》の首《くび》がロビソンになる。声高《こえたか》く笑《わら》う八頭《やつがしら》。

Winner!

勝者《しょうしゃ》 ドラゴン軍《ぐん》 八頭《やつがしら》

バトル結果《けっか》

吸収《きゅうしゅう》によってロビソンを取《と》りこみ、見事勝利《みごとしょうり》をつかんだ八頭《やつがしら》は、新《あら》たにロビソンの首《くび》を手《て》にすることで、強大《きょうだい》な力《ちから》を手《て》にし、パワーアップに成功《せいこう》している。

日輪《にちりん》の炎《ほのお》を燃《も》やす異次元《いじげん》の龍《りゅう》 VS.空中《くうちゅう》に放《はな》つ電磁波《でんじは》

燃《も》え盛《さか》る太陽《たいよう》の化身《けしん》

燭陰《しょくいん》

電磁波《でんじは》の波状攻撃《はじょうこうげき》

スペースクリッター

DATA

分類《ぶんるい》 神《かみ》（日本《にほん》では妖怪《ようかい》）
地域《ちいき》 東《ひがし》アジア
時代《じだい》 神話時代《しんわじだい》から
武器《ぶき》 口《くち》から吐《は》き出《だ》す炎《ほのお》

体長《たいちょう》 数百《すうひゃく》m《メートル》
形態《けいたい》 人間《にんげん》のような顔《かお》を持《も》つ蛇体《じゃたい》

DATA

分類《ぶんるい》 電磁波《でんじは》の生命体《せいめいたい》（UMA《ユーマ》）
地域《ちいき》 カナダ
時代《じだい》 20世紀《せいき》から
武器《ぶき》 放出《ほうしゅつ》する電磁波《でんじは》

体長《たいちょう》 数十《すうじゅう》m《メートル》〜百《ひゃく》m《メートル》
形態《けいたい》 目《め》に見《み》えない電磁波《でんじは》で体《からだ》が作《つく》られる

ドラゴン軍《ぐん》

古《こ》代中国《だいちゅうごく》の地理書《ちりしょ》『山海経《せんがいきょう》』にその名前《なまえ》があり、北海《ほっかい》の鍾山《しょうざん》という山《やま》のふもとにすむとされる。火《ひ》の神《かみ》でありながら、太《たい》陽神《ようしん》でもあるとされ、その姿《すがた》は龍《りゅう》神《じん》のような形《かたち》で現《あらわ》れるという。日《に》本《ほん》にも古《ふる》くから伝《つた》わり、妖怪《ようかい》として紹介《しょうかい》される。

戦力分析《せんりょくぶんせき》

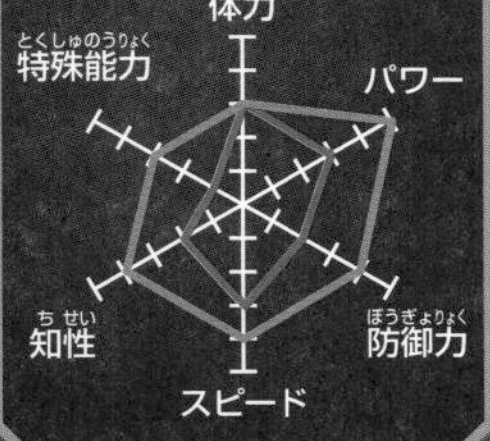

ビースト軍《ぐん》

電磁波《でんじは》で体《からだ》が構成《こうせい》されており、その大《おお》きさは100メートルにおよぶこともある。以前《いぜん》、カナダの街《まち》に降《お》りてきたときは、その電磁波《でんじは》による影響《えいきょう》で、街《まち》中《じゅう》のありとあらゆる電化製品《でんかせいひん》をシャットダウンさせるなどして、街中《まちじゅう》を混乱《こんらん》におちいらせたという。

シーン1

スペースクリッター、暗雲《あんうん》となって忍《しの》びよる

燭陰《しょくいん》が空《そら》いっぱいに広《ひろ》がり、スペースクリッターを警《けい》かいしている。しかし、周囲《しゅうい》を見渡《みわた》してもスペースクリッターの姿《すがた》はない。すると、しだいに周囲《しゅうい》がうす暗《ぐら》くなっていき、黒《くろ》い雲《くも》が燭陰《しょくいん》を包《つつ》む。

シーン2

燭陰《しょくいん》、やみくもに炎《ほのお》を吹《ふ》く

不安《ふあん》に感《かん》じた燭陰《しょくいん》は、やけくそになり、周囲《しゅうい》に炎《ほのお》を吹《ふ》きまくる。すると、空気中《くうきちゅう》に広《ひろ》がっていた黒《くろ》い雲《くも》に引火《いんか》して、大《おお》きな爆発《ばくはつ》が起《お》こる。

シー
3

大爆発《だいばくはつ》の末《すえ》に、生《い》き残《のこ》ったのは…

大爆発《だいばくはつ》によってバラバラになった燭陰《しょくいん》が海上《かいじょう》に落下《らっか》する。一《いっ》方《ぽう》、ちりぢりにただよっていた黒《くろ》い霧《きり》は１つに集《あつ》まり、スペースクリッターが再生《さいせい》。勝利《しょうり》したのはスペースクリッターだった。

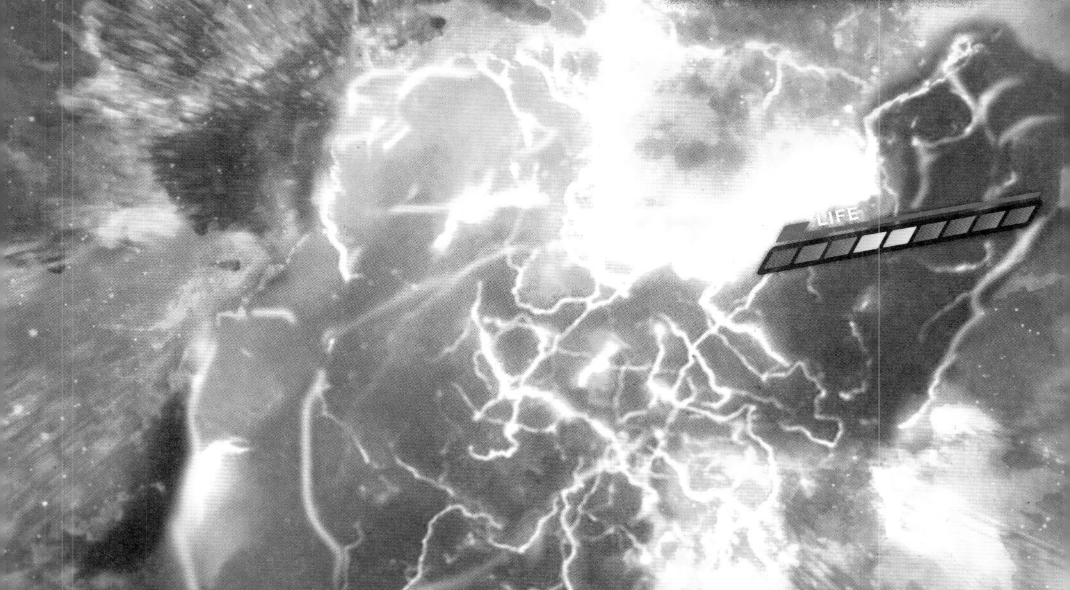

Winner!

勝者《しょうしゃ》 ビースト軍《ぐん》 スペースクリッター

バトル結果《けっか》

燭陰《しょくいん》が放《はな》った炎《ほのお》によって大爆発《だいばくはつ》が起《お》こり、両者共《りょうしゃとも》に吹《ふ》き飛《と》んだかに思《おも》われた。しかし、体《からだ》が電磁波《でんじは》でできているスペースクリッターは、ちりぢりになった体《からだ》を再生《さいせい》し、見事勝利《みごとしょうり》をつかんだ。

不《ふ》死《し》不《ふ》めつの生首《なまくび》
VS.謎《なぞ》の三本足《さんぼんあし》の怪獣《かいじゅう》

正体《しょうたい》不明《ふめい》の全角度《ぜんかくど》完全《かんぜん》ホラー
エンフィールドホラー

まぼろしの9本首《ほんくび》
ヒュドラ

DATA

分類《ぶんるい》 龍《りゅう》（怪物《かいぶつ》）
地域《ちいき》 ギリシャ
時代《じだい》 神話時代《しんわじだい》から
武器《ぶき》 何回《なんかい》でも生《は》えてくる首《くび》

DATA

分類《ぶんるい》 悪魔《あくま》（UMA《ユーマ》）
地域《ちいき》 アメリカ・イリノイ州《しゅう》
エンフィールド
時代《じだい》 21世紀《せいき》
武器《ぶき》 ポルターガイスト現象《げんしょう》

体長《たいちょう》 数百《すうひゃく》m《メートル》
形態《けいたい》 多頭龍《たとうりゅう》

体長《たいちょう》 137cm《センチメートル》
形態《けいたい》 3本足《ほんあし》

ドラゴン軍《ぐん》

ギリシャ神話《しんわ》に登場《とうじょう》する伝《でん》説上《せつじょう》の存在《そんざい》で、英雄《えいゆう》ヘラクレスと死闘《しとう》をくりひろげたことでよく知《し》られている。首《くび》の数《かず》には、9本《ほん》、50本《ぼん》、100本《ぼん》といういくつかの説《せつ》がある。特《とく》に真《ま》ん中《なか》の首《くび》は、切《き》り落《お》とされても何度《なんど》でも再生《さいせい》する不老不死《ふろうふし》の首《くび》であると言《い》われている。

戦力分析《せんりょくぶんせき》

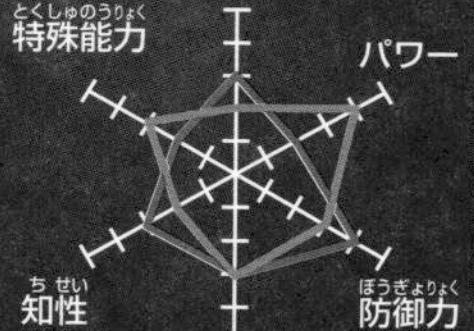

ビースト軍《ぐん》

21世紀《せいき》に入《はい》り、アメリカのイリノイ州《しゅう》に出現《しゅつげん》した正体《しょうたい》不明《ふめい》の魔物《まもの》で、悪魔《あくま》ではないかという説《せつ》もある。弾丸《だんがん》でもしとめることができず、恐《おそ》るべきジャンプ力《りょく》があり、目《め》にも止《と》まらぬスピードで移動《いどう》することができる。ポルターガイスト現象《げんしょう》を起《お》こして、重《おも》い物《もの》を動《うご》かせる。

キューバ・ビニャーレス渓谷《けいこく》

シーン1 エンフィールドホラー、雷雲《らいうん》を呼《よ》ぶ

上空《じょうくう》にわき出《だ》した黒雲《こくうん》をかき分《わ》けて、ヒュドラが空《そら》を飛《と》んでくる。９本《ほん》の首《くび》は周囲《しゅうい》を警《けい》かいしている。地上《ちじょう》で待《ま》ち受《う》ける３本足《ぼんあし》のエンフィールドホラーは、超強力《ちょうきょうりょく》なポルターガイスト現象《げんしょう》で、雷《かみなり》を起《お》こそうとする。とつ然《ぜん》、雷鳴《らいめい》がひびきわたり、ヒュドラに電気《でんき》ショックをあたえる。

シーン2 エンフィールドホラー、カウンター攻撃《こうげき》！

大《だい》ダメージを受《う》けたヒュドラは落下《らっか》。しかし、地上《ちじょう》すれすれで体勢《たいせい》を立《た》て直《なお》し、すべての首《くび》がいっせいにエンフィールドホラーに飛《と》びかかる。ヒュドラは、エンフィールドホラーの手足《てあし》にかみつき、動《うご》きをふうじる。エンフィールドホラーはすかさず３本目《ぼんめ》の足《あし》で、ヒュドラの真《ま》ん中《なか》の首《くび》をはね飛《と》ばす。

ヒュドラは切《き》られた首《くび》を素《す》早《ばや》く再生《さいせい》し、生《は》えてきた新《あたら》しい首《くび》でエンフィールドホラーにとどめをさす。

シーン3 ヒュドラ、首《くび》を再生《さいせい》させる!

バトル結果《けっか》

エンフィールドホラーは、落雷攻撃《らくらいこうげき》やするどい切《き》れ味《あじ》の3本目《ほんめ》の足《あし》を使《つか》い、ヒュドラを苦《くる》しめた。しかし、ヒュドラの恐《おそ》るべき再生能《さいせいのう》力《りょく》の前《まえ》に、おしくも敗《やぶ》れてしまった。

雨《あめ》のイリュージョニスト VS.凶悪《きょうあく》なる合成超獣《ごうせいちょうじゅう》

雨《あめ》を自在《じざい》に操《あやつ》る魔法使《まほうつか》い 応龍《おうりゅう》

DATA

分類《ぶんるい》 龍《りゅう》（怪物《かいぶつ》）
地域《ちいき》 中国《ちゅうごく》
時代《じだい》 太古《たいこ》から
武器《ぶき》 雨《あめ》つぶを自由自《じゆうじ》在《ざい》に操《あやつ》る

体長《たいちょう》 20〜数百《すうひゃく》m《メートル》
形態《けいたい》 翼《つばさ》の生《は》えた龍《りゅう》

美濃《みの》に伝《つた》わる謎《なぞ》の魔物《まもの》 サルトラヘビ

DATA

分類《ぶんるい》 合成獣《ごうせいじゅう》（妖怪《ようかい》）
地域《ちいき》 岐阜県《ぎふけん》
時代《じだい》 平安時代《へいあんじだい》から
武器《ぶき》 するどい牙《きば》と爪《つめ》

体長《たいちょう》 2〜3m《メートル》
形態《けいたい》 3種類《しゅるい》の動物《どうぶつ》が混《ま》じり合《あ》っている

ドラゴン軍《ぐん》

タカのような翼《つばさ》を持《も》つ龍《りゅう》。マムシが泥水《どろみず》で五百年育《ごひゃくねんそだ》つとミズチとなり、千年《せんねん》で龍《りゅう》になり、さらに五百年《ごひゃくねん》で角龍《かくりゅう》になり、その後千《ごせん》年《ねん》で応龍《おうりゅう》となると伝《つた》わる。黄河《こうが》そのものが応龍《おうりゅう》の正体《しょうたい》だともいわれる。四霊《しれい》※のリーダーで、口《くち》から天馬《てんま》（麒麟《きりん》）を産《う》むとされる。

※麒麟《きりん》、鳳凰《ほうおう》、霊亀《れいき》、応龍《おうりゅう》という中国《ちゅうごく》に伝《つた》わる四種類《よんしゅるい》の幸運《こううん》を呼《よ》ぶ獣《けもの》。

戦力分析《せんりょくぶんせき》

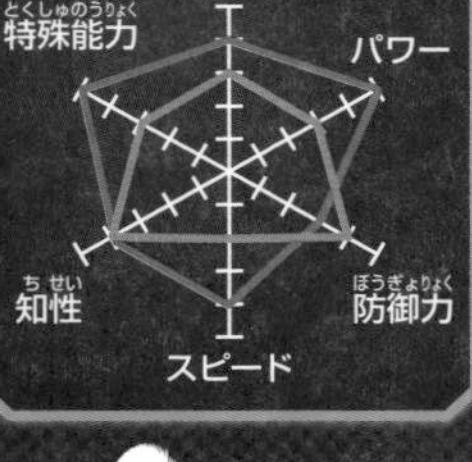

ビースト軍《ぐん》

かつて美濃《みの》の国《くに》（現在《げんざい》の岐《ぎ》阜県《ふけん》）を中心《ちゅうしん》に勢力《せいりょく》をほこった妖怪《ようかい》で、頭《あたま》はサル、胴《どう》はトラ、尾《お》がヘビという姿《すがた》をしている。非常《ひじょう》に俊敏《しゅんびん》に動《うご》き、するどい牙《きば》と爪《つめ》で相手《あいて》を切《き》りさく。雲《くも》に乗《の》って移動《いどう》したり、大雪《おおゆき》を降《ふ》らせたりすることもできる。平安時代《へいあんじだい》には、朝廷《ちょうてい》を相手《あいて》に戦《たたか》った。

サルトラヘビが、雲《くも》に乗《の》って飛来《ひらい》する。周囲《しゅうい》の山《やま》やまが音《おと》を立《た》ててゆれ出《だ》し、じわじわと周囲《しゅうい》がうす暗《ぐら》くなる。鳥《とり》や、獣《けもの》たちもふるえて縮《ちぢ》こまっている。突《とつ》じょ閃光《せんこう》がひらめき、応龍《おうりゅう》が姿《すがた》を現《あらわ》す。甲高《かんだか》く「キエー」と鳴《な》く応龍《おうりゅう》、向《む》かい合《あ》う両者《りょうしゃ》。圧《あっ》とう的《てき》な暴風《ぼうふう》が吹《ふ》き、激《はげ》しい雨《あめ》つぶがサルトラヘビの体《からだ》に打《う》ちつける。

シーン1

応龍《おうりゅう》、暴風雨《ぼうふうう》で攻撃《こうげき》

空中《くうちゅう》で、おたがいにかみつき合《あ》う両者《りょうしゃ》。大量《たいりょう》の血《ち》が２匹《ひき》から流《なが》れる。三度四度《さんどよんど》とかみ合《あ》った末《すえ》、大量《たいりょう》の雨《あめ》つぶと、ものすごい風《かぜ》を巻《ま》きこんで、猛《もう》スピードで地面《じめん》に落下《らっか》する。地面《じめん》にしょうとつするしゅん間《かん》、サルトラヘビが体《からだ》の位置《いち》を入《い》れかえ、相手《あいて》の上《うえ》に乗《の》って落下《らっか》する。

シーン2

サルトラヘビ、相手《あいて》を地面《じめん》にたたきつける

Winner!

勝《しょう》者《しゃ》 ドラゴン軍《ぐん》 応龍《おうりゅう》

シーン 3

応龍《おうりゅう》、大洪水《だいこうずい》を起《お》こす

体《からだ》をおしつぶされた応龍《おうりゅう》は、ピクリとも動《うご》かない。勝利《しょうり》のおたけびをあげるサルトラヘビ。しかし、その時再《ときふたた》び山《やま》やまが大《おお》きくゆれはじめる。大洪水《だいこうずい》が発生《はっせい》したのだ。おし寄《よ》せる水《みず》に流《なが》されるサルトラヘビ。その場《ば》には、応龍《おうりゅう》だけが残《のこ》っていた。

バトル結果《けっか》

空中《くうちゅう》での激《はげ》しい肉弾戦《にくだんせん》を制《せい》したサルトラヘビが勝《しょう》利《り》したかに思《おも》われたが、ゆだんしたところに大洪《だいこう》水《ずい》を起《お》こすという大技《おおわざ》をくり出《だ》した応龍《おうりゅう》が、見事《みごと》な逆転勝利《ぎゃくてんしょうり》を手《て》にした。

ドラゴン謎《なぞ》コラム 1

姿《すがた》・形《かたち》や名前《なまえ》はことなるが、世界《せかい》のさまざまな場所《ばしょ》に伝承《でんしょう》が残《のこ》るドラゴン（龍《りゅう》）。世界各地《せかいかくち》のドラゴンや龍《りゅう》は、どんな特《とく》ちょうを持《も》っているのか？　その地《ち》いきの人《ひと》びとにとって、どういう存在《そんざい》なのか？見《み》ていこう。

東洋《とうよう》の龍《りゅう》

――決《き》まりごとが多《おお》い中国《ちゅうごく》の龍《りゅう》――

5本指《ほんゆび》の龍《りゅう》は、皇帝専用《こうていせんよう》

日本《にほん》の龍《りゅう》のルーツはどこにあるか？　それは中国《ちゅうごく》である。中国《ちゅうごく》の龍《りゅう》は、ベトナムや朝鮮《ちょうせん》・台湾《たいわん》にも影響《えいきょう》をあたえており、龍《りゅう》を神聖視《しんせいし》する考《かんが》え方《かた》が周辺諸国《しゅうへんしょこく》に大《おお》きな影響《えいきょう》をあたえている。

中国《ちゅうごく》の龍《りゅう》は、国《くに》の支配者《しはいしゃ》である皇帝《こうてい》の権力《けんりょく》の強《つよ》さの象《しょう》ちょうでもあった。そのため、龍《りゅう》を描《えが》くときの決《き》まりとして、５本指《ほんゆび》の龍《りゅう》のデザインは、皇帝《こうてい》しか使《つか》うことができなかった。ちなみに、貴族《きぞく》は４本指《ほんゆび》、しょ民《みん》は３本指《ぼんゆび》の龍《りゅう》と決《き》められていた。

諸説《しょせつ》あるが、５本指《ほんゆび》の龍《りゅう》が皇帝《こうてい》専用《せんよう》になったのは、宋《そう》の時代《じだい》（960～1279 年《ねん》）以降《いこう》だと言《い》われている。それ以降《いこう》の時代《じだい》はその習慣《しゅうかん》にしたがったと言《い》われている。

皇帝《こうてい》のみが使《つか》える爪《つめ》が5本《ほん》の龍《りゅう》。中国《ちゅうごく》北京《べきん》北海公《ほっかいこう》園《えん》（旧皇帝御園《きゅうこうていぎょえん》）の九龍《きゅうりゅう》壁《へき》。

朝鮮王朝《ちょうせんおうちょう》を建国《けんこく》した李成《りせい》桂《けい》の官服《かんふく》には、五爪《ごつめ》の竜《りゅう》が描《えが》かれていた。

さまざまな動物《どうぶつ》が組《く》み合《あ》わさった姿《すがた》

さまざまな動物《どうぶつ》のパーツから作《つく》られた龍《りゅう》。こちらは韓国《かんこく》・南大門《なんだいもん》・崇礼門《すうれいもん》の天井画《てんじょうが》の龍《りゅう》。

　龍《りゅう》の姿《すがた》は、多《おお》くの動物《どうぶつ》を組《く》み合《あ》わせて形《かたち》づくられており、その組《く》み合《あ》わせは諸説《しょせつ》ある。一例《いちれい》としては、魚《さかな》のウロコ、ゾウの耳《みみ》、シカの角《つの》、ウシの頭《あたま》、エビの目《め》、ヘビの腹《はら》、ロバの口《くち》などを合成《ごうせい》して作《つく》られている。なお、翼《つばさ》がある龍《りゅう》として応龍《おうりゅう》（29ページ）がいるが、こちらは主流《しゅりゅう》ではなく、例外的《れいがいてき》な存在《そんざい》といえる。

　龍《りゅう》のあごの下《した》には、逆《さか》さに生《は》えた鱗（ウロコ）があるとされる。そこに人間《にんげん》が触《ふ》れると、龍《りゅう》は激《げき》怒《ど》し、たちまち、その人《ひと》を殺《ころ》してしまったと伝《つた》わる。このことから、えらい人《ひと》の怒《いか》りを買《か》うことを「逆鱗《げきりん》に触《ふ》れる」ということわざで表現《ひょうげん》したのだ。

中国《ちゅうごく》の古書《こしょ》『山海《せんかい》経《ぎょう》』に登場《とうじょう》する応龍《おうりゅう》は、めずらしく翼《つばさ》がついている。

江戸時代《えどじだい》に日本《にほん》で編《へん》さんされた『和漢三才図会《わかんさんさいずえ》』にも、翼《つばさ》のある龍《りゅう》として応龍《おうりゅう》が描《えが》かれている。

東洋《とうよう》では、龍《りゅう》は縁起《えんぎ》の良《よ》いもの

かつて使用《しよう》されていた中国《ちゅうごく》の国章《こくしょう》には、龍《りゅう》と鳳凰《ほうおう》が描《えが》かれていた（1913～1928年《ねん》）。

　東洋全般《とうようぜんぱん》の広《ひろ》い地《ち》いきで、龍《りゅう》そのものの出現《しゅつげん》を、吉兆《きっちょう》（良《よ》いことが起《お》こる前《まえ》ぶれ）とみなすけい向《こう》がある。それゆえに、龍《りゅう》は縁起《えんぎ》の良《よ》い存在《そんざい》と考《かんが》えられ、皿《さら》などの食器のデザインによく使《つか》われる。龍《りゅう》と鳳凰《ほうおう》が同時《どうじ》に姿《すがた》を現《あらわ》すことを、さらに縁起《えんぎ》の良《よ》いこととし、龍《りゅう》と鳳凰《ほうおう》をセットで使用《しよう》することも多《おお》い。

　また、中国《ちゅうごく》の占《うらな》いである風水《ふうすい》では、気《き》の流《なが》れ（大地《だいち》の下《した》を流《なが》れるエネルギー）のことを龍脈《りゅうみゃく》と呼《よ》んでいる。さらに、「青龍《せいりゅう》」「玄武《げんぶ》」「白虎《びゃっこ》」「朱雀《すざく》」という四種《よんしゅ》の霊獣《れいじゅう》は四神《ししん》と呼《よ》ばれ、天《てん》の四方《しほう》（東西南北《とうざいなんぼく》）の方角《ほうがく》をつかさどっている。日本《にほん》にある高松塚古墳《たかまつづかこふん》の壁画《へきが》にも描《えが》かれている。

高松塚古墳《たかまつづかこふん》の４つの壁面《へきめん》には、東《ひがし》に「青《せい》龍《りゅう》」、西《にし》に「白虎《びゃっこ》」、北《きた》に「玄武《げんぶ》」、南《みなみ》に「朱雀《すざく》」が描《えが》かれる。写真正面《しゃしんしょうめん》が北《きた》。

ベトナム・ホイアンの潮洲会館《ちょうしゅうかいかん》にある屋根《やね》の上《うえ》の飾《かざ》りとして作《つく》られた龍《りゅう》。

背中《せなか》から虹《にじ》を生《う》み出《だ》す虹《にじ》の化身《けしん》 VS. 土《つち》から生《う》まれた怪力無双《かいりきむそう》

虹《にじ》を生《う》み出《だ》すレインボー攻撃《こうげき》

虹《にじ》の大蛇《だいじゃ》

DATA

分類《ぶんるい》 神《かみ》
地域《ちいき》 オーストラリア、北米大陸《ほくべいたいりく》
時代《じだい》 太古《たいこ》から
武器《ぶき》 虹《にじ》を自由《じゆう》に操《あやつ》る

体長《たいちょう》 数十《すうじゅう》～数百《すうひゃく》 m《メートル》
形態《けいたい》 虹《にじ》そのもの

ドラゴン軍《ぐん》

体《からだ》を天《てん》にこすり付《つ》け、壮大《そうだい》な虹《にじ》を作《つく》り出《だ》すとされる伝説《でんせつ》の大蛇《だいじゃ》。天《てん》に広《ひろ》がる虹《にじ》そのものが、この大蛇《だいじゃ》の正体《しょうたい》である。大雨《おおあめ》を降《ふ》らしたり、洪水《こうずい》をおこしたりすることもできる。実《じつ》は世界中《せかいじゅう》の動物《どうぶつ》を創《つく》り出《だ》したとされ、すべての生物《せいぶつ》を操《あやつ》ることができる。

ユダヤの秘法《ひほう》が生《う》んだあやつり人形《にんぎょう》

ゴーレム

DATA

分類《ぶんるい》 土人形《つちにんぎょう》（怪物《かいぶつ》）
地域《ちいき》 プロイセン（現在《げんざい》のポーランド北部《ほくぶ》など）
時代《じだい》 1000年《ねん》くらい前《まえ》
武器《ぶき》 とんでもない怪力《かいりき》

体長《たいちょう》 2～数十《すうじゅう》 m《メートル》
形態《けいたい》 人形《ひとがた》の怪物《かいぶつ》

ビースト軍《ぐん》

ユダヤ教《きょう》の秘法《ひほう》に通《つう》じたラビ（指導者《しどうしゃ》）が土人形《つちにんぎょう》を作《つく》り、そこに魔法《まほう》をほどこしたところ誕生《たんじょう》した。基本的《きほんてき》には、命令《めいれい》されたことを忠実《ちゅうじつ》に守《まも》るが、ときおり暴走《ぼうそう》することもある。ひたいにはられた羊皮紙《ようひし》の呪文《じゅもん》を消《け》すと、その力《ちから》は失《うしな》われるとされる。

戦力分析《せんりょくぶんせき》

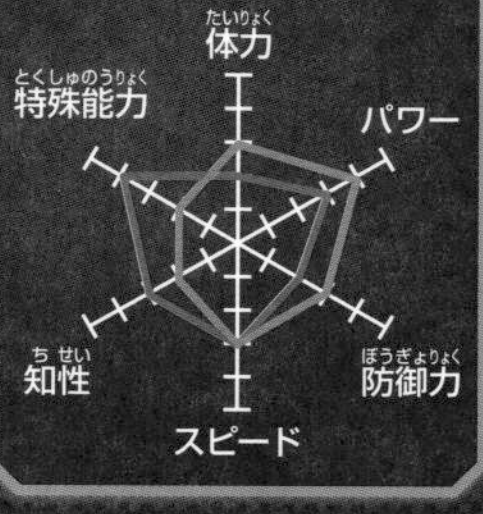

シーン1 虹《にじ》の大蛇《だいじゃ》、大雨《おおあめ》を降《ふ》らせる

地面《じめん》をゆらして巨大《きょだい》な土人形《つちにんぎょう》・ゴーレムが歩《ある》いてくる。その威圧感《いあつかん》はただものではない。上空《じょうくう》でせん回《かい》する虹《にじ》の大蛇《だいじゃ》は、するど鋭《するど》い牙《きば》を見《み》せつけ、ものすごい量《りょう》の雨《あめ》を降《ふ》らせる。

シーン2 ゴーレム、とけた体《からだ》を再《ふたた》び固《かた》める

だく流《りゅう》のような雨《あめ》の中《なか》で、ゴーレムの体《からだ》が、ボロボロになってとけ始《はじ》め、ねん土《ど》の山《やま》のようになる。その山《やま》の上《うえ》に虹《にじ》の大蛇《だいじゃ》が得意《とくい》げに降《こう》りんし、一声高《ひとこえたか》く鳴《な》く。その直後《ちょくご》、周辺《しゅうへん》の土《つち》が再《ふたた》び固《かた》まり始《はじ》める。虹《にじ》の大蛇《だいじゃ》は、頭《あたま》を残《のこ》して、全体的《ぜんたいてき》に固《かた》まってしまう。

シーン3 虹《にじ》の大蛇《だいじゃ》、絶体絶命《ぜったいぜつめい》のピンチ！

Winner!

勝者《しょうしゃ》 ドラゴン軍《ぐん》 虹《にじ》の大蛇《だいじゃ》

身動《みうご》きがとれない虹《にじ》の大蛇《だいじゃ》。「フハハ」っとゴーレムのごう快《かい》な笑《わら》い声《こえ》がひびきわたる。それでもあきらめず暴《あば》れると、虹《にじ》の大《だい》蛇《じゃ》の口《くち》の先《さき》がゴーレムのひたいに当《あ》たり、呪文《じゅもん》の文字《もじ》をけずりとった。そのしゅん間《かん》、ただの土《つち》のかたまりにもどってしまうゴーレム。その体《からだ》を破《は》かいして、虹《にじ》の大蛇《だいじゃ》は外《そと》に飛《と》び出《だ》した。

バトル結果《けっか》

ゴーレムの体《からだ》の中《なか》に取《と》りこまれた虹《にじ》の大蛇《だいじゃ》は、絶《ぜっ》体絶命《たいぜつめい》のピンチにおちいるが、残《のこ》された首《くび》で暴《あば》れたことで、ぐう然《ぜん》ゴーレムの弱点《じゃくてん》をつき、奇跡《きせき》の逆《ぎゃく》転勝利《てんしょうり》を手《て》にした。

全身金属《ぜんしんきんぞく》でできた謎《なぞ》の龍《りゅう》 VS.武器《ぶき》をあやつる一《ひと》つ目《め》巨人《きょじん》

一《ひと》つ目《め》の怪力巨人《かいりききょじん》
サイクロプス

なんでもはね返《かえ》すメタルボディ
メタルドラゴン

DATA

分類《ぶんるい》 龍《りゅう》（UMA《ユーマ》）
地域《ちいき》 京都府《きょうとふ》
時代《じだい》 21世紀《せいき》
武器《ぶき》 攻撃《こうげき》をはね返《かえ》す硬度《こうど》なボディ

体長《たいちょう》 7～10m《メートル》
形態《けいたい》 金属製《きんぞくせい》の龍《りゅう》

DATA

分類《ぶんるい》 巨人《きょじん》（怪物《かいぶつ》）
地域《ちいき》 ギリシャ
時代《じだい》 太古《たいこ》から
武器《ぶき》 手《て》に武器《ぶき》を持《も》って暴《あば》れる

体長《たいちょう》 3～7m《メートル》
形態《けいたい》 目《め》が1つの巨人《きょじん》

ドラゴン軍《ぐん》

21世紀《せいき》に入《はい》り、京都府《きょうとふ》の山間部《さんかんぶ》においてバーベキューをしていたグループが怪《あや》しい生物《せいぶつ》とそうぐうした。10m《メートル》くらいあるその巨大《きょだい》な生物《せいぶつ》は、空《そら》を飛《と》びながらこちらに近《ちか》づいてきた。全身《ぜんしん》は金属《きんぞく》でできており、そのメタリックなボディは黒光《くろびか》りしていたという。

戦力分析《せんりょくぶんせき》

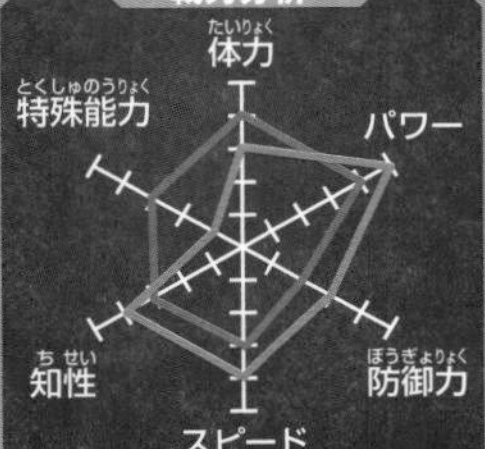

ビースト軍《ぐん》

ギリシャ神話《しんわ》に登場《とうじょう》する、大《おお》きな目《め》が顔《かお》の中央《ちゅうおう》にある巨人《きょじん》の一族《いちぞく》。英語名《えいごめい》はサイクロプスだが、ラテン語《ご》ではキュクロプスと呼《よ》ばれる。たぐいまれなる怪力《かいりき》をほこり、暴《あば》れ回《まわ》るのが得意《とくい》。1つ目《め》のため、死角《しかく》になって見《み》えない部分《ぶぶん》があるのが弱点《じゃくてん》だ。

京都《きょうと》・五条大橋《ごじょうおおはし》

シーン1 メタルドラゴン、上空《じょうくう》から突撃《とつげき》する

うでを組《く》み、仁王立《におうだ》ちをしているサイクロプス。その筋肉《きんにく》はブルブルとふるえ、真正面《ましょうめん》を1つの目《め》でじっとにらんでいる。かたわらに巨大《きょだい》なこん棒《ぼう》がある。上空《じょうくう》で金属《きんぞく》の光沢《こうたく》が光《ひか》ったかと思《おも》うと、メタルドラゴンが体《からだ》を左右《さゆう》にゆらし、ハイトーンのさけび声《ごえ》をあげながら直線《ちょくせん》に飛《と》んでくる。

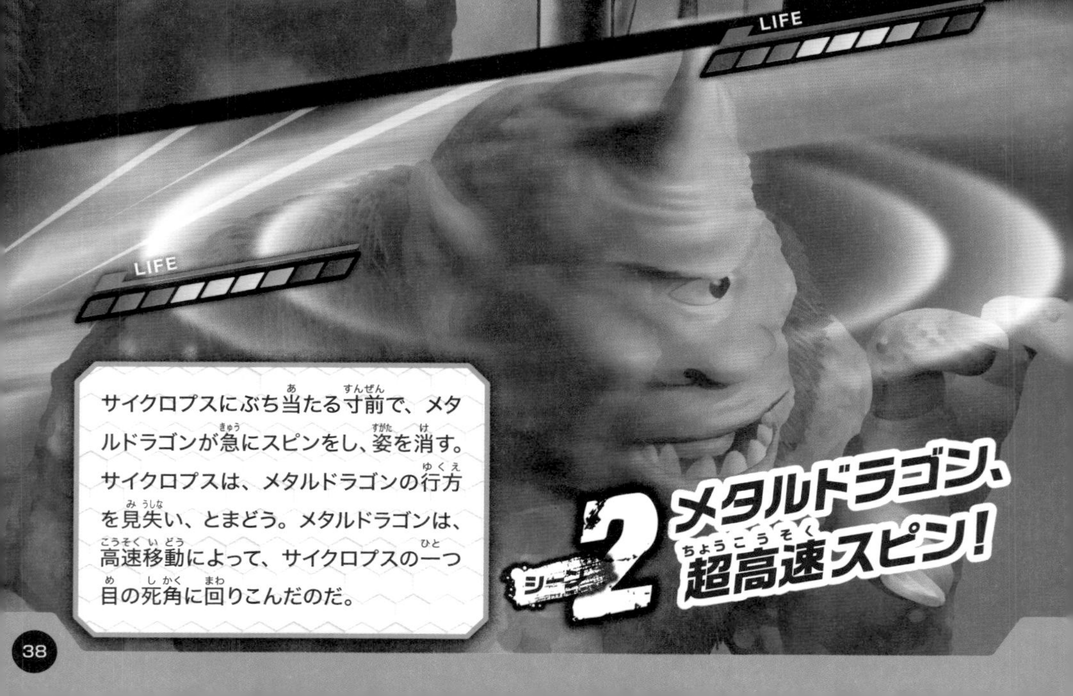

サイクロプスにぶち当《あ》たる寸前《すんぜん》で、メタルドラゴンが急《きゅう》にスピンをし、姿《すがた》を消《け》す。サイクロプスは、メタルドラゴンの行方《ゆくえ》を見失《みうしな》い、とまどう。メタルドラゴンは、高速移動《こうそくいどう》によって、サイクロプスの一《ひと》つ目《め》の死角《しかく》に回《まわ》りこんだのだ。

シーン2 メタルドラゴン、超高速《ちょうこうそく》スピン！

シーン3 サイクロプス、会心《かいしん》の一撃《いちげき》！

完全《かんぜん》にサイクロプスの背後《はいご》を取《と》ったメタルドラゴンは、ニヤリと笑《わら》い、急所《きゅうしょ》にかみつこうとする。それよりも速《はや》く、サイクロプスは手《て》に持《も》ったこん棒《ぼう》でメタルドラゴンの頭《あたま》を思《おも》い切《き》りなぐる。サイクロプスは、川《かわ》の水面《すいめん》に映《うつ》りこんだ敵《てき》の姿《すがた》で、位置《いち》を正確《せいかく》に読《よ》んでいたのだ。

Winner!

勝者《しょうしゃ》 ビースト軍《ぐん》 サイクロプス

バトル結果《けっか》

牛若丸《うしわかまる》（源義経《みなもとのよしつね》）と弁慶《べんけい》が出《で》会《あ》った場所《ばしょ》と言《い》われる、京都《きょうと》の鴨川《かもがわ》にかかる五条大橋《ごじょうおおはし》。サイクロプスは、川《かわ》の水面《すいめん》を鏡《かがみ》のように利用《りよう》て、死角《しかく》をこく服《ふく》した。

Battle 11
第1回戦《だいいっかいせん》

変形《へんけい》UFO《ユーフォー》型《がた》ドラゴン VS.ごう快《かい》なひと口魔王《くちまおう》

金属《きんぞく》の鋭利《えいり》な刃物《はもの》

ドラゴンスネイク

DATA

分類《ぶんるい》 ロボット（UMA《ユーマ》）
地域《ちいき》 ソロモン諸島《しょとう》
時代《じだい》 20世紀《せいき》から
武器《ぶき》 金属《きんぞく》のような高《たか》い音《おと》を出《だ》す

体長《たいちょう》 10～20m《メートル》
形態《けいたい》 羽《はね》の生《は》えた龍《りゅう》

何《なん》でも食《た》べる大食漢《たいしょくかん》

ひとのみ

DATA

分類《ぶんるい》 正体不明《しょうたいふめい》（妖怪《ようかい》）
地域《ちいき》 山岳地域《さんがくちいき》
時代《じだい》 19世紀《せいき》
武器《ぶき》 すべてを飲《の》みこむ口《くち》

体長《たいちょう》 数十《すうじゅう》m《メートル》くらい?
形態《けいたい》 巨体《きょたい》で、大《おお》きく口《くち》を開《あ》けている

ドラゴン軍《ぐん》

南太平洋《みなみたいへいよう》のソロモン諸島《しょとう》に、巨人《きょじん》たちといっしょに暮《く》らしていると言《い》われている。生物《せいぶつ》ではなく、人工的《じんこうてき》なロボットである可能性《かのうせい》が高《たか》いとされる。行動《こうどう》するときに、金属《きんぞく》をすり合《あ》わせるような高《たか》い音《おと》を出《だ》す。円盤《えんばん》のように飛行《ひこう》したり、ドラゴン形態《けいたい》に変化《へんか》したりする。

戦力分析《せんりょくぶんせき》

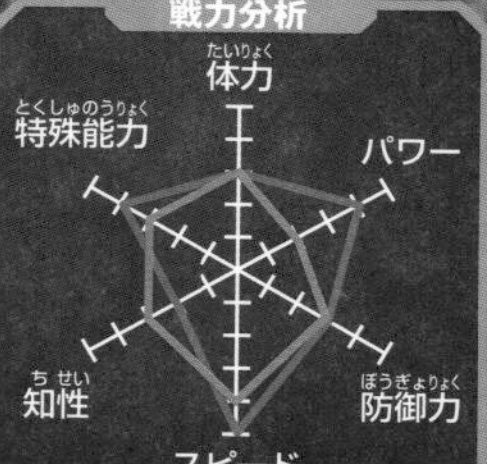

ビースト軍《ぐん》

山《やま》に出《で》る妖怪《ようかい》で、とんでもない大食漢《たいしょくかん》の魔王《まおう》。とにかく、目《め》の前《まえ》にあるものは何《なん》でも飲《の》みこんで、体内《たいない》で消化《しょうか》してしまう。動《うご》きはそれほど機《き》びんではなく、ひたすらまっすぐにしか進《すす》めない。しかし、そのあまりに危険《きけん》な存在《そんざい》は、山《やま》の神《かみ》がみからも警《けい》かいされている。

シーン1 両者《りょうしゃ》向《む》かい合《あ》い、様子《ようす》を見《み》る

ザブーンザブーンと、ものすごい勢《いきお》いで日本海《にほんかい》を越《こ》え、ひとのみが泳《およ》いでくる。途中《とちゅう》で出会《であ》った魚《さかな》やイルカ、さらにクジラさえも、ひとのみでたいらげている。その上空《じょうくう》に、ドラゴンスネイクが出現《しゅつげん》。キーンキーンとかん高《だか》い音《おと》を立《た》てている。

シーン2 ひとのみ、UFO《ユーフォー》を丸《まる》ごとパクリ！

とつ然《ぜん》、ドラゴンスネイクはUFO《ユーフォー》のような形態《けいたい》に変化《へんか》。たてに回転《かいてん》しながら、水上《すいじょう》のひとのみめがけて降下《こうか》する。ひとのみはジャンプし、ドラゴンスネイクをそのまま飲《の》みこむ。かん高《だか》い音《おと》は、止《と》まってしまう。

シーン3 ドラゴンスネイク、体内《たいない》で反撃《はんげき》

Winner!

勝者《しょうしゃ》 ドラゴン軍《ぐん》 ドラゴンスネイク

海《うみ》に静《せい》じゃくな時間《じかん》が流《なが》れる。勝利《しょうり》を確信《かくしん》し、ニヤリと笑《わら》うひとのみ。しかし、再《ふた》びあの高音《こうおん》が聞《き》こえてくる。ひとのみの体《からだ》がしだいにマンボウのようにふくれあがり、バラバラに引《ひ》きさかれる。体《たい》内《ない》から、ドラゴンスネイクが姿《すがた》を現《あらわ》した。

バトル結果《けっか》

あらゆるものを消化《しょうか》する怪物《かいぶつ》・ひとのみでも、金《きん》属質《ぞくしつ》のドラゴンスネイクは消化《しょうか》できなかったようだ。それを計算《けいさん》に入《い》れて体内《たいない》から攻撃《こうげき》をしかけたドラゴンスネイクの作戦《さくせん》勝《が》ち。

地面《じめん》をはいずり回《まわ》るドラゴン VS.宙《ちゅう》を舞《ま》うトリッキーファイター

つき上《あ》げる鋭角《えいかく》アッパー テキサス・サンドドラゴン

DATA

分類《ぶんるい》 蛇《へび》（UMA《ユーマ》）
地域《ちいき》 アメリカ・テキサス州《しゅう》
時代《じだい》 21世紀以降《せいきいこう》
武器《ぶき》 たてに動《うご》く体《からだ》、2本《ほん》の角《つの》

体長《たいちょう》 10～20m《メートル》
形態《けいたい》 ガラガラヘビに似《に》ている

ひょうきんなお笑《わら》い戦士《せんし》 フライングモンキー

DATA

分類《ぶんるい》 サル（UMA《ユーマ》）
地域《ちいき》 アメリカ・フロリダ州《しゅう》
時代《じだい》 19世紀終《せいきお》わりから
武器《ぶき》 空中《くうちゅう》からのかきむしり攻撃《こうげき》

体長《たいちょう》 50～70cm《センチメートル》程度《ていど》
形態《けいたい》 翼《つばさ》の生《は》えたサル

ドラゴン軍《ぐん》

見《み》た目《め》はガラガラヘビに似《に》ているが、頭《あたま》に2本《ほん》の角《つの》を持《も》ち、体《からだ》をシャクトリムシのようにたてにくねらせて移動《いどう》する。巨大《きょだい》な体《からだ》を維持《いじ》するために、ブタやシカなどの動物《どうぶつ》を捕食《ほしょく》していると推測《すいそく》されている。21世紀以降《せいきいこう》に存在《そんざい》が目撃《もくげき》されるようになった、比《ひ》かく的新《てきあたら》しい生物《せいぶつ》。

戦力分析《せんりょくぶんせき》

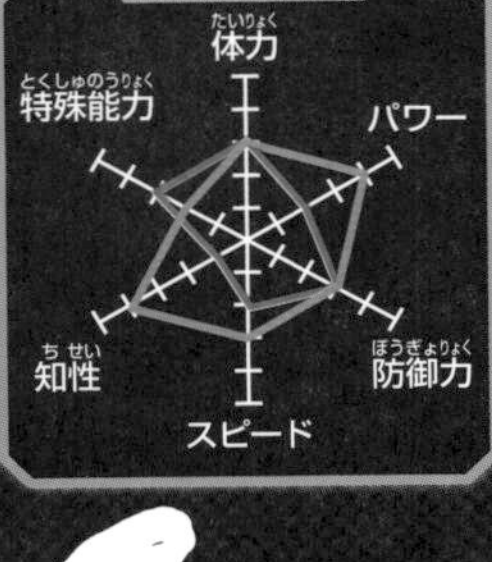

ビースト軍《ぐん》

19世紀《せいき》の終《お》わりごろから、アメリカでたびたび目撃《もくげき》されている。見《み》た目《め》はサルだが、その体長《たいちょう》の倍《ばい》はある大《おお》きな翼《つばさ》を背《せ》に持《も》ち、空《そら》を飛《ひ》しょうする。なお、創作物《そうさくぶつ》にも多《おお》く登場《とうじょう》し、『オズの魔法使《まほうつか》い』にも登場《とうじょう》する。空中《くうちゅう》を飛《と》んでいたずらをするが、ゆだんしやすい性格《せいかく》でもある。

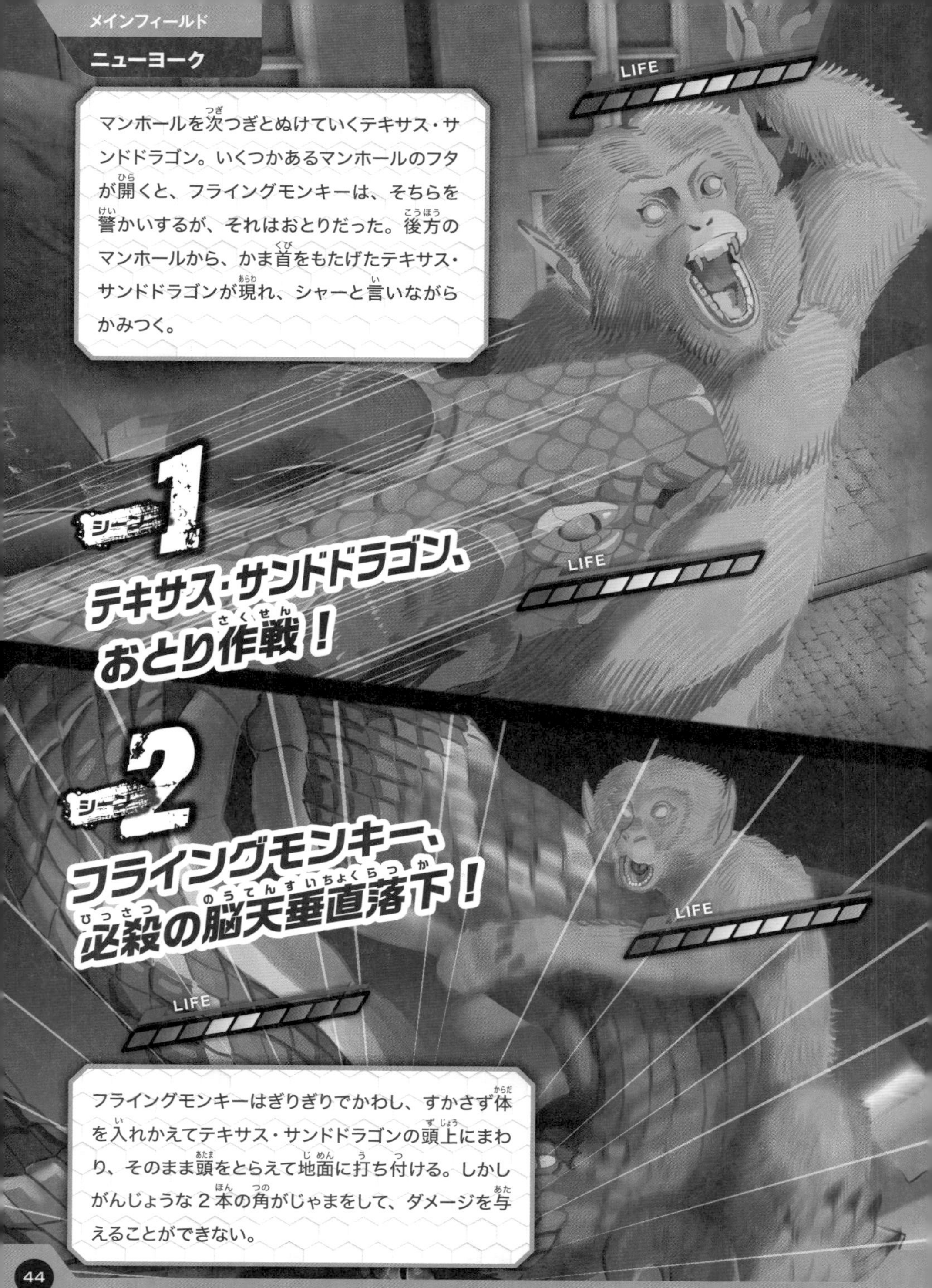

マンホールを次《つぎ》つぎとぬけていくテキサス・サンドドラゴン。いくつかあるマンホールのフタが開《ひら》くと、フライングモンキーは、そちらを警《けい》かいするが、それはおとりだった。後方《こうほう》のマンホールから、かま首《くび》をもたげたテキサス・サンドドラゴンが現《あらわ》れ、シャーと言《い》いながらかみつく。

シーン1 テキサス・サンドドラゴン、おとり作戦《さくせん》！

シーン2 フライングモンキー、必殺《ひっさつ》の脳天垂直落下《のうてんすいちょくらっか》！

フライングモンキーはぎりぎりでかわし、すかさず体《からだ》を入《い》れかえてテキサス・サンドドラゴンの頭上《ずじょう》にまわり、そのまま頭《あたま》をとらえて地面《じめん》に打《う》ち付《つ》ける。しかしがんじょうな２本《ほん》の角《つの》がじゃまをして、ダメージを与《あた》えることができない。

シーン3

テキサス・サンドドラゴンが、長《なが》い体《からだ》でしめ上《あ》げる

Winner!

勝者《しょうしゃ》 ドラゴン軍《ぐん》 テキサス・サンドドラゴン

必殺技《ひっさつわざ》が効《き》かなかったことにショックを受《う》けてあ然《ぜん》とするフライングモンキー。そのすきをのがさずに、テキサス・サンドドラゴンは長《なが》い体《からだ》で相手《あいて》をとらえてしめ上《あ》げ、ゆっくりと息《いき》の根《ね》を止《と》める。

バトル結果《けっか》

フライングモンキーの必殺攻撃《ひっさつこうげき》「脳天垂直落下《のうてんすいちょくらっか》」が決《き》まったかに思《おも》えたが、まさかのノーダメージ。戦意《せんい》そう失《しつ》したフライングモンキーは、テキサス・サンドドラゴンのえじきとなった。

Battle 13
第1回戦

死《し》へさそう猛毒《もうどく》の牙《きば》 VS. 空飛《そらと》ぶ殺人針《さつじんばり》

DATA
分類《ぶんるい》 龍《りゅう》（妖怪《ようかい》）
地域《ちいき》 京都府《きょうとふ》・東山地域《ひがしやまちいき》
時代《じだい》 江戸時代《えどじだい》
武器《ぶき》 強力《きょうりょく》な毒《どく》

7歩《ほ》で殺《ころ》す暗殺者《あんさつしゃ》

七歩蛇《しちほだ》

空飛《そらと》ぶ謎《なぞ》の生物《せいぶつ》

フライングマンタ

DATA
分類《ぶんるい》 クリッター（空中《くうちゅう》に生息《せいそく》するUMA《ユーマ》）の仲間《なかま》
地域《ちいき》 アメリカ、スペイン
時代《じだい》 21世紀《せいき》
武器《ぶき》 毒針《どくばり》

体長《たいちょう》 12cm《センチメートル》 前後《ぜんご》
形態《けいたい》 4本《ほん》の足《あし》、赤色《あかいろ》のウロコ

体長《たいちょう》 1～3m《メートル》
形態《けいたい》 海中《かいちゅう》のエイに似《に》ている

ドラゴン軍《ぐん》

江戸時代《えどじだい》、京都《きょうと》の東山《ひがしやま》のある屋《や》しきで、庭《にわ》に植《う》えていた木々《きぎ》が次《つぎ》つぎに枯《か》れていった。土《つち》を掘《ほ》り起《お》こすと七歩蛇《しちほだ》が生息《せいそく》していた。その姿《すがた》は、4本足《ほんあし》だったという。この生《い》き物《もの》にかまれた人間《にんげん》は、7歩《ほ》歩《ある》くうちに死《し》ぬと伝《つた》わる。小《ちい》さいため，集団《しゅうだん》での出場《しゅつじょう》が許《ゆる》された。

戦力分析《せんりょくぶんせき》

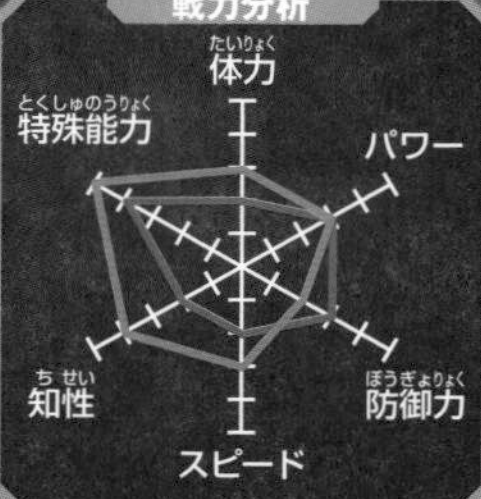

ビースト軍《ぐん》

アメリカのコロラド州《しゅう》の民家《みんか》の裏庭《うらにわ》に出現《しゅつげん》した。人間《にんげん》の肉眼《にくがん》ではとらえることができないが、ビデオカメラを通《とお》すと、色《いろ》あざやかなエイのような姿《すがた》で空中《くうちゅう》を移動《いどう》する生物《せいぶつ》が確認《かくにん》できたという。似《に》たものがスペインにも出現《しゅつげん》している。猛毒《もうどく》の毒針《どくばり》での攻撃《こうげき》を得意《とくい》とする。

地面《じめん》をはうようにうごめいている七歩蛇《しちほだ》の群《む》れ。フライングマンタは、姿《すがた》を消《け》したままそこに突進《とっしん》。尻尾《しっぽ》の毒針《どくばり》を突《つ》き立《た》てて、一匹《いっぴき》、一匹確実《いっぴきかくじつ》に殺《ころ》していくフライングマンタ。

シーン1 フライングマンタ、毒針《どくばり》で攻撃《こうげき》

シーン2 七歩蛇《しちほだ》、猛毒《もうどく》を注入《ちゅうにゅう》する

残《のこ》り数匹《すうひき》になった七歩蛇《しちほだ》は、チャンスをうかがっている。その中《なか》の１匹《ぴき》が、肉眼《にくがん》では見《み》えないフライングマンタの尻尾《しっぽ》にかみ付《つ》くことに成功《せいこう》し、体内《たいない》に毒《どく》を注入《ちゅうにゅう》する。

シー 3 フライングマンタ、攻撃続行《こうげきぞっこう》

Winner!

勝者《しょうしゃ》 ビースト軍《ぐん》 フライングマンタ

戦《たたか》いは相打《あいう》ちにもつれこんだと確信《かくしん》した七歩蛇《しちほだ》であったが、フライングマンタはゆうゆうと飛《と》んで、残《のこ》った七歩蛇《しちほだ》を始末《しまつ》していった。

バトル結果《けっか》

七歩蛇《しちほだ》は決死《けっし》のかくごで、見《み》えない敵《てき》・フライングマンタに猛毒《もうどく》を注入《ちゅうにゅう》することに成功《せいこう》した。しかし、フライングマンタの体《からだ》は、毒《どく》が効《き》かない体《からだ》であった。ついに、七歩蛇《しちほだ》は全《ぜん》めつした。

みわくの魔界巫女《まかいみこ》 VS.山中《さんちゅう》を移動《いどう》する大魔獣《だいまじゅう》

地震《じしん》を起《お》こす壮大《そうだい》な魔物《まもの》 山鯨《やまくじら》

DATA

分類《ぶんるい》 クジラ（妖怪《ようかい》）
地域《ちいき》 山間部《さんかんぶ》
時代《じだい》 20世紀《せいき》
武器《ぶき》 巨大《きょだい》な肉体《にくたい》でくり出《だ》すパワー

体長《たいちょう》 10～数十《すうじゅう》 m《メートル》
形態《けいたい》 クジラと同《おな》じ姿《すがた》

善《ぜん》と悪《あく》の2つの顔《かお》を持《も》つ巫女《みこ》 かんかんだら

DATA

分類《ぶんるい》 半人半蛇《はんじんはんじゃ》（妖怪《ようかい》）
地域《ちいき》 九州地方《きゅうしゅうちほう》
時代《じだい》 21世紀《せいき》
武器《ぶき》 するどい牙《きば》と爪《つめ》

体長《たいちょう》 7～12m《メートル》
形態《けいたい》 上半身《じょうはんしん》が巫女《みこ》、下半身《かはんしん》が大蛇《だいじゃ》

ドラゴン軍《ぐん》

妖怪退治《ようかいたいじ》をしていた善《ぜん》の巫女《みこ》が、悪《あく》の大蛇《だいじゃ》と相打《あいう》ちになり、合体《がったい》してひとつの妖怪《ようかい》となった。九州《きゅうしゅう》のある地域《ちいき》に、フェンスで囲《かこ》まれた謎《なぞ》のエリアがある。ここに入《はい》ってしまうとかんかんだらにおそわれ、つかまると、血《ち》を吸《す》われてしまうといわれている。

戦力分析《せんりょくぶんせき》

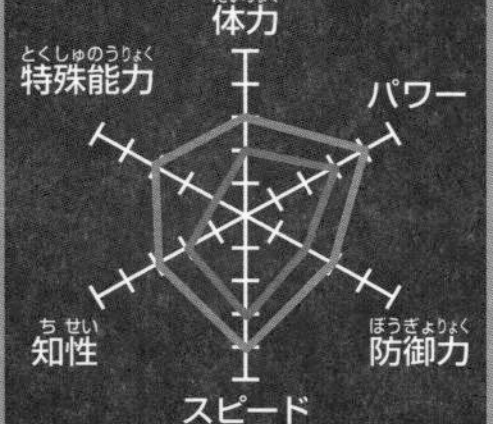

ビースト軍《ぐん》

なぜか、ときどきクジラが山《やま》の中《なか》で発見《はっけん》されることがある。これは山《やま》の地中《ちちゅう》を移動《いどう》する山《やま》鯨《くじら》であり、海《うみ》にいるクジラと同《おな》じ姿《すがた》をしている。巨大《きょだい》な地震《じしん》を起《お》こし、地上《ちじょう》の生物《せいぶつ》をおどろかすとされている。地震《じしん》を予知《よち》するナマズとの関連《かんれん》も深《ふか》いと思《おも》われる。

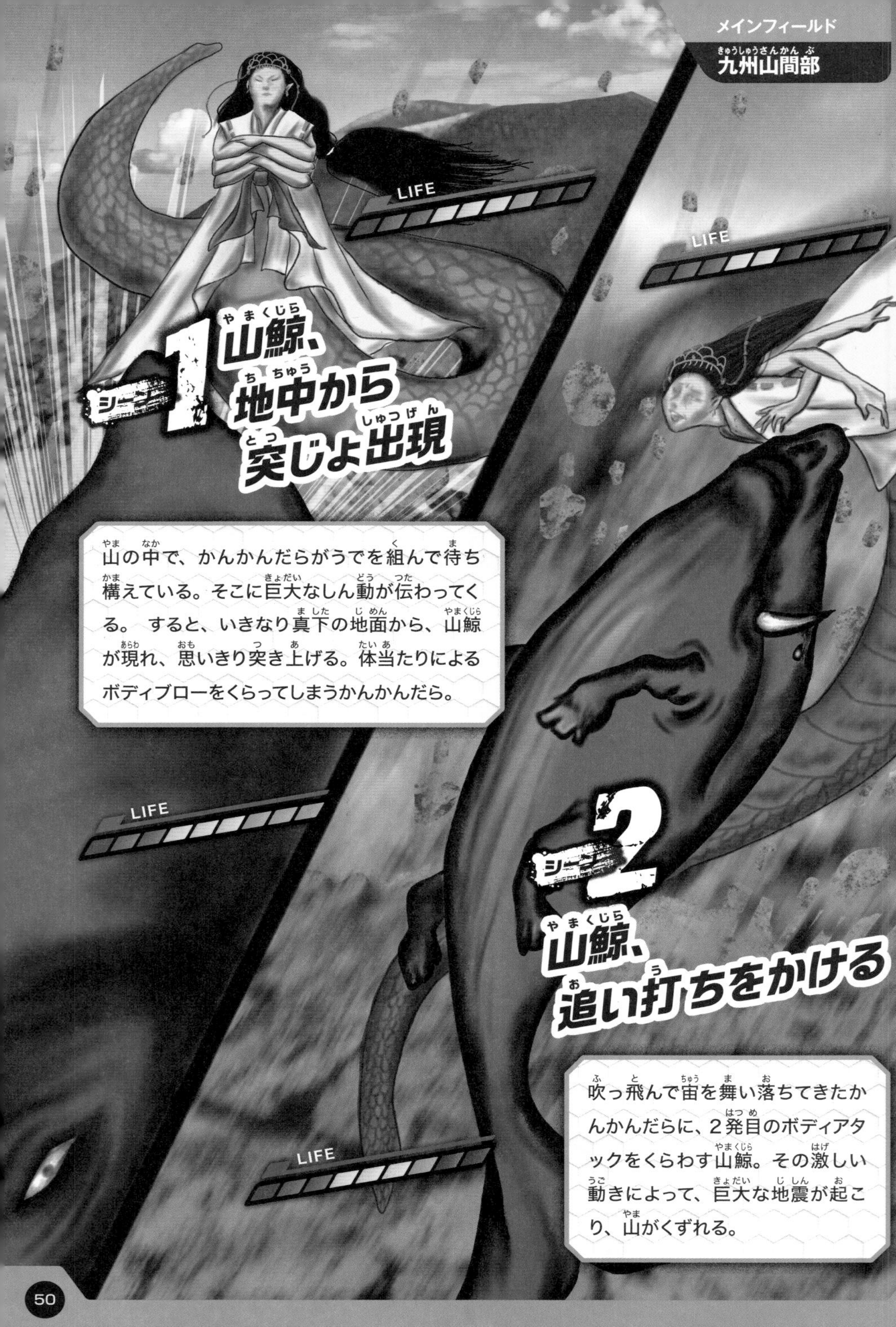

シーン1 山鯨《やまくじら》、地中《ちちゅう》から突《とつ》じょ出現《しゅつげん》

山《やま》の中《なか》で、かんかんだらがうでを組《く》んで待《ま》ち構《かま》えている。そこに巨大《きょだい》なしん動《どう》が伝《つた》わってくる。 すると、いきなり真下《ました》の地面《じめん》から、山鯨《やまくじら》が現《あらわ》れ、思《おも》いきり突《つ》き上《あ》げる。体当《たいあ》たりによるボディブローをくらってしまうかんかんだら。

シーン2 山鯨《やまくじら》、追《お》い打《う》ちをかける

吹《ふ》っ飛《と》んで宙《ちゅう》を舞《ま》い落《お》ちてきたかんかんだらに、2発目《はつめ》のボディアタックをくらわす山鯨《やまくじら》。その激《はげ》しい動《うご》きによって、巨大《きょだい》な地震《じしん》が起《お》こり、山《やま》がくずれる。

シーン3
地震《じしん》で山《やま》がくずれる。勝利《しょうり》の行方《ゆくえ》は!?

Winner!

勝者《しょうしゃ》 ビースト軍《ぐん》 山鯨《やまくじら》

山鯨《やまくじら》もかんかんだらも、地割《じわ》れと山《やま》くずれで、地《ち》中深《ちゅうふか》くしずんでしまう。やがて、地中《ちちゅう》から姿《すがた》を現《あらわ》し、勝利《しょうり》のおたけびを上《あ》げたのは山鯨《やまくじら》であった。

バトル結果《けっか》

地震《じしん》によって山《やま》がくずれ、地上《ちじょう》のすべてがうもれたが、地中《ちちゅう》を動《うご》ける山鯨《やまくじら》は無傷《むきず》だった。山《やま》をもくずす恐《おそ》るべき山鯨《やまくじら》の破《は》かい力《りょく》の前《まえ》に、かんかんだらは、なすすべもなく敗《やぶ》れ去《さ》った。

Battle 15
第1回戦

9つの頭脳《ずのう》を持《も》つ龍《りゅう》vs.毛《け》むくじゃらの剛力《ごうりき》

知力《ちりょく》で戦《たたか》う獣人《じゅうじん》

藍婆《らんばば》

頭脳明《ずのうめい》せきな芦ノ湖《あしのこ》の守護神《しゅごしん》

九《く》頭《ず》竜《りゅう》

DATA

分類《ぶんるい》 龍《りゅう》（妖怪《ようかい》）
地域《ちいき》 神奈川県《かながわけん》・箱根《はこね》
時代《じだい》 太古《たいこ》から
武器《ぶき》 するどい角《つの》、9つの頭脳《ずのう》

体長《たいちょう》 数十《すうじゅう》〜数百《すうひゃく》m《メートル》
形態《けいたい》 9つの首《くび》を持《も》つ龍体《りゅうたい》

DATA

分類《ぶんるい》 サル（妖怪《ようかい》）
地域《ちいき》 広島県《ひろしまけん》・比婆山《ひばやま》
時代《じだい》 江戸時代《えどじだい》から
武器《ぶき》 ものすごい怪力《かいりき》

体長《たいちょう》 1.7〜2m《メートル》近《ちか》く
形態《けいたい》 毛《け》だらけの獣人《じゅうじん》

ドラゴン軍《ぐん》

9つの首《くび》、それぞれの頭脳《ずのう》で考《かんが》えるため、こうみょうな作《さく》戦《せん》を練《ね》り、圧《あっ》とう的《てき》な判断力《はんだんりょく》を持《も》つ。元《もと》は人《ひと》に害《がい》をおよぼす1つ首《くび》の毒龍《どくりゅう》だったが、神力《じんりき》を得《え》た僧侶《そうりょ》の手《て》で改心《かいしん》し、9つの頭《あたま》を持《も》つ守護龍《しゅごりゅう》となった。九頭竜《くずりゅう》をまつるという神社《じんじゃ》は芸能関係《げいのうかんけい》にご利益《りやく》がある。

戦力分析《せんりょくぶんせき》

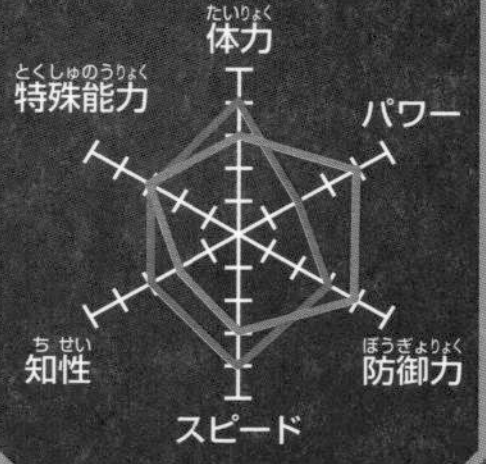

ビースト軍《ぐん》

広《ひろ》島県《しまけん》の比婆山《ひばやま》に江戸時代《えどじだい》から生息《せいそく》していると伝《つた》わる獣人《じゅうじん》。人間《にんげん》なみの知能《ちのう》を持《も》っており、知恵比《ちえくら》べでは負《ま》けない。何《なん》でも食《た》べ、よく眠《ねむ》る。ものすごい怪力《かいりき》の持《も》ち主《ぬし》でもある。この地域《ちいき》で目撃《もくげき》されたUMA《ユーマ》・ヒバゴンとの関連《かんれん》が指《し》てきされている。

大阪城《おおさかじょう》

シーン1 両者《りょうしゃ》、向《む》かい合《あ》って にらみあい

巨大《きょだい》な九頭龍《くずりゅう》が、大阪城《おおさかじょう》の天守閣《てんしゅかく》のそばで待《ま》ちかまえている。ゆう然《ぜん》とした構《かま》えは、よゆうすら感《かん》じられる。そこへ一陣《いちじん》の風《かぜ》が吹《ふ》き、木々《きぎ》をゆらして、藍婆《らんばば》が登場《とうじょう》。森《もり》の中《なか》から、ものすごい眼光《がんこう》で天守閣《てんしゅかく》をにらんでいる。

シーン2 九頭龍《くずりゅう》、9つの首《くび》で攻撃《こうげき》

九頭龍《くずりゅう》の9つの首《くび》がのびて、藍婆《らんばば》の背後《はいご》にせまる。するすると森《もり》の中《なか》を逃《に》げ回《まわ》る藍婆《らんばば》。首《くび》はあちこちの方角《ほうがく》からのびて追跡《ついせき》し、藍婆《らんばば》はひたすら逃《に》げまくる。

Winner!

勝者《しょうしゃ》　ビースト軍《ぐん》　藍婆《らんばば》

シーン3　藍婆《らんばば》、森《もり》に火《ひ》を放《はな》つ

逃《に》げまくる藍婆《らんばば》を追《お》っているうちに、九頭《くず》竜《りゅう》の9つの首《くび》が、森《もり》の木々《きぎ》にからまりついてしまった。すると、見計《みはか》らったように火《ひ》を起《お》こし始《はじ》める藍婆《らんばば》。たちまち火《ひ》につつまれる九頭龍《くずりゅう》。勝利《しょうり》のおたけびをあげる藍婆《らんばば》。

バトル結果《けっか》

森《もり》の中《なか》をひたすら逃《に》げ回《まわ》り、九頭龍《くずりゅう》の首《くび》をからませるという、藍婆《らんばば》の作戦《さくせん》が見事《みごと》にはまった。九頭《くず》龍《りゅう》が打開策《だかいさく》を考《かんが》える間《ま》もあたえず、火《ひ》を放《はな》ちとどめをさした。

古代《こだい》の神話《しんわ》世界《せかい》の王《おう》 VS.人間《にんげん》の血《ち》を吸《す》う吸血昆虫《きゅうけつこんちゅう》

半人半蛇《はんじんはんじゃ》の賢王《けんおう》

ケクロプス

巨大化《きょだいか》した吸血生物《きゅうけつせいぶつ》

水神様《すいじんさま》

DATA

分類《ぶんるい》 半人半蛇《はんじんはんじゃ》（怪物《かいぶつ》）
地域《ちいき》 ギリシャ・アテネ
時代《じだい》 太古《たいこ》から
武器《ぶき》 かしこい頭脳《ずのう》

体長《たいちょう》 数十《すうじゅう》～数百《すうひゃく》m《メートル》
形態《けいたい》 上半身《じょうはんしん》が人間《にんげん》、下半身《かはんしん》がヘビ

DATA

分類《ぶんるい》 昆虫《こんちゅう》（妖怪《ようかい》）
地域《ちいき》 水域《すいいき》
時代《じだい》 20世紀《せいき》
武器《ぶき》 血《ち》を吸《す》う

体長《たいちょう》 1.7～2m《メートル》くらい
形態《けいたい》 巨大《きょだい》なゲンゴロウ

ドラゴン軍《ぐん》

古《こ》代《だい》ギリシャの首都《しゅつ》・アテネの初代《しょだい》の王《おう》。神話的要素《しんわてきようそ》を多《おお》く持《も》ち、上半身《じょうはんしん》が人間《にんげん》、下《か》半身《はんしん》がヘビという姿《すがた》をしていたとされる。妻《つま》との間《あいだ》に3人《にん》の娘《むすめ》と1人《ひとり》の息子《むすこ》をもうけた。文字《もじ》の発明《はつめい》や、いけにえの廃止《はいし》などを定《さだ》めた最初《さいしょ》の王《おう》で、極《きわ》めてかしこい頭脳《ずのう》を持《も》っている。

戦力分析《せんりょくぶんせき》

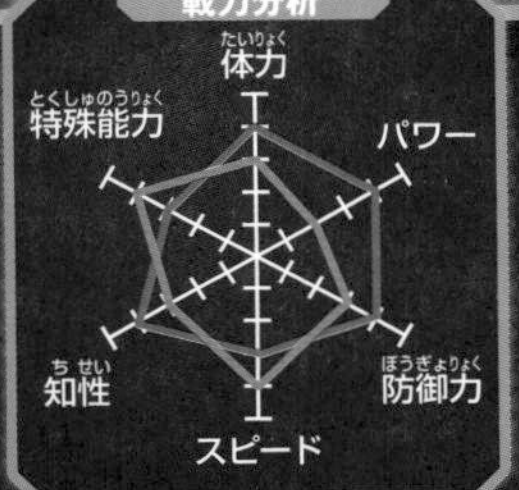

ビースト軍《ぐん》

ある湖《みずうみ》に住《す》んでいる昆虫妖《こんちゅうよう》怪《かい》。人間《にんげん》の背後《はいご》から静《しず》かに接近《せっきん》して、しがみついて吸血行《きゅうけつこう》為《い》を行《おこな》うとされる。特《とく》に水中《すいちゅう》での狩《か》りを得意《とくい》としている。逆《ぎゃく》に陸上戦《りくじょうせん》は動《うご》きがにぶくなり苦手《にがて》だ。小学生《しょうがくせい》レベルの頭脳《ずのう》を持《も》っている。

シーン1 水神様《すいじんさま》、ゆっくりと接近《せっきん》する

ケクロプスが、トルコの古代《こだい》遺跡《いせき》にゆう然《ぜん》と座《すわ》っている。その巨大《きょだい》な体《からだ》に向《む》かって、小《ちい》さな虫《むし》がはっていく。

シーン2 ケクロプス、指《ゆび》ではじき飛《と》ばす

ケクロプスは、「単《たん》なる虫《むし》けらが」とはき捨《す》てるようにセリフをはく。けん命《めい》にケクロプスの体《からだ》の上《うえ》をはいあがる水神《すいじん》様《さま》。小《ちい》さいといっても、２m《メートル》近《ちか》くはある。「単《たん》なるゴミだな」とケクロプスが、指《ゆび》でチョンとはじくと、水神様《すいじんさま》はふっ飛《と》んでいく。

勝者《しょうしゃ》　ビースト軍《ぐん》　水神様《すいじんさま》

シ 3

水神様《すいじんさま》、卵《たまご》を産《う》み付《つ》ける!?

「つまらん、消化試合《しょうかじあい》だ」とふん然《ぜん》として立《た》ち上《あ》がるケクロプス。だが、次《つぎ》のしゅん間《かん》、全身《ぜんしん》が小《ち》さな虫《むし》におおわれていることに気《き》がつく。水神様《すいじんさま》が卵《たまご》を産《う》み付《つ》けていたのだ。水神様《すいじんさま》の無数《むすう》の子《こ》どもたちは、ケクロプスの体《からだ》にはりつき、むさぼり食《く》ってしまった。

バトル結果《けっか》

陸上《りくじょう》での戦《たたか》いを苦手《にがて》とする水神様《すいじんさま》であったが、それを逆手《さかて》にとって、神《かみ》に近《ちか》い存在《そんざい》であるケクロプスのゆだんをさそい、見事《みごと》に一発逆転《いっぱつぎゃくてん》の大金星《だいきんぼし》をあげた。

エキシビション Exhibition 01

宇宙《うちゅう》から飛来《ひらい》した人型《ひとがた》ドラゴン vs. 人間界最強《にんげんかいさいきょう》の武道家《ぶどうか》

宙《ちゅう》を自在《じざい》に舞《ま》う宇宙戦士《うちゅうせんし》

レプティリアン

DATA

分類《ぶんるい》 人型《ひとがた》は虫類《ちゅうるい》（宇宙人《うちゅうじん》）
地域《ちいき》 宇宙《うちゅう》
時代《じだい》 太古《たいこ》から
武器《ぶき》 高度《こうど》な知能《ちのう》、しっぽ

ドラゴン軍《ぐん》

合気道《あいきどう》の開祖《かいそ》

植芝盛平《うえしばもりへい》（人間《にんげん》）

DATA

分類《ぶんるい》 人間《にんげん》
地域《ちいき》 日本《にほん》
時代《じだい》 明治《めいじ》から昭和《しょうわ》
武器《ぶき》 柔術《じゅうじゅつ》、剣術《けんじゅつ》など

ビースト軍《ぐん》

その生態《せいたい》は謎《なぞ》だが、一説《いっせつ》には地球《ちきゅう》を影《かげ》で支配《しはい》する存在《そんざい》といわれる。レプティリアンには階級《かいきゅう》があり、最上位《さいじょうい》に、皮《ひ》ふのウロコが白《しろ》く、翼《つばさ》を持《も》つ者《もの》がいて、その下《した》に翼《つばさ》のない茶色《ちゃいろ》や緑色《みどりいろ》のウロコの者《もの》がいる。今回戦《こんかいたたか》うのは最上位《さいじょうい》のホワイトレプティリアンだ。

身長《しんちょう》 人間《にんげん》と同《おな》じくらい▶
形態《けいたい》 皮《ひ》ふがウロコ、尻尾《しっぽ》、羽《はね》

地《ち》球上《きゅうじょう》でもっとも残《ざん》にんな動物《どうぶつ》は、同《おな》じ種同士《しゅどうし》で戦《たたか》いをする人間《にんげん》といえるだろう。そんな人間《にんげん》の中《なか》から、武術《ぶじゅつ》を極《きわ》め、“人間界最強《にんげんかいさいきょう》”とのよび声《ごえ》も高《たか》い、合気道《あいきどう》の創始者《そうししゃ》・植芝盛平《うえしばもりへい》が出場《しゅつじょう》。謎《なぞ》の宇宙生《うちゅうせい》命体《めいたい》を相手《あいて》に、どこまで対抗《たいこう》できるのか。

◀**身長《しんちょう》** 156 cm《センチメートル》
形態《けいたい》 足《あし》で直立《ちょくりつ》し、両手《りょうて》を使《つか》える

バトル1 レプティリアン、空《そら》からしゅう撃《げき》する

風《かぜ》が吹《ふ》きすさぶ中《なか》、レプティリアンが翼《つばさ》をはためかせて身《み》構《がま》えている。それに対《たい》してゆう然《ぜん》とかまえる植芝盛平《うえしばもりへい》。レプティリアンが空《そら》から急接近《きゅうせっきん》し、右《みぎ》に左《ひだり》にとパンチをくり出《だ》す。上半身《じょうはんしん》を左右《さゆう》にゆらしながら、見事《みごと》な動《うご》きでこれをかわしていく盛平《もりへい》。

バトル2 植芝盛平《うえしばもりへい》、尻尾《しっぽ》攻撃《こうげき》をかわす

レプティリアンは尻尾《しっぽ》をいきおいよく左右《さゆう》にふり回《まわ》し、決定打《けっていだ》をねらっていく。しかし、これもかれいなバックステップでかわしていく盛平《もりへい》。

バトル3 戦《たたか》いは持久戦《じきゅうせん》に…

この攻防《こうぼう》が3時間《じかん》ほど続《つづ》く。フラフラになったレプティリアンが「あと何時間戦《なんじかんたたか》うつもりだ」とつぶやく。「3日《みっか》は可能《かのう》じゃ」と盛平《もりへい》が答《こた》える。レプティリアンの顔《かお》からよゆうが消《き》え、「やめよう。私《わたし》の負《ま》けだ」と言《い》う。盛平《もりへい》は、「勝《か》ちも負《ま》けもないんじゃよ」と答《こた》える。戦《せん》とうは中断《ちゅうだん》され、引《ひ》き分《わ》けとなった。

Draw
引《ひ》き分《わ》け

バトル結果《けっか》

あらゆる攻撃《こうげき》をかわし、受《う》け流《なが》す合気道《あいきどう》の達人《たつじん》を相手《あいて》に、レプティリアンの攻撃《こうげき》は通用《つうよう》しなかった。勝《か》ち負《ま》けを競《きそ》わない合気道《あいきどう》の精神《せいしん》にのっとり、バトルは引《ひ》き分《わ》けとなった。

Battle《バトル》

17 → 24

2回戦《かいせん》

五《いつ》つ首《くび》からはくごう快《かい》な炎《ほのお》 vs. カイコ軍団《ぐんだん》のつむぐ糸《いと》

DATA

分類《ぶんるい》 龍《りゅう》（妖怪《ようかい》）
地域《ちいき》 神奈川県《かながわけん》・江ノ島《えのしま》
時代《じだい》 古代《こだい》から
武器《ぶき》 空《そら》にのびる凶暴《きょうぼう》な首《くび》

体長《たいちょう》 20～30m《メートル》
形態《けいたい》 多頭《たとう》の龍《りゅう》

DATA

分類《ぶんるい》 昆虫《こんちゅう》（妖怪《ようかい》）
地域《ちいき》 養蚕《ようさん》が盛《さか》んな地域《ちいき》
時代《じだい》 20世紀《せいき》
武器《ぶき》 体当《たいあ》たり、糸《いと》

体長《たいちょう》 3～4m《メートル》
形態《けいたい》 カイコに似《に》ている

ドラゴン軍《ぐん》

シーエレファントとのマレーシア沖合《おきあい》でのそう絶《ぜつ》な戦《たたか》いを経《へ》て、2回戦《かいせん》に進出《しんしゅつ》した五頭《ごず》龍《りゅう》。1つの頭《あたま》をおとりに、別《べつ》の頭《あたま》でとどめをさすなど、5つの頭《あたま》をたくみに連《れん》けいさせた戦《たたか》いを得《とく》意《い》とする。口《くち》からはく火炎放射《かえんほうしゃ》で、すべてを焼《や》きつくす。

戦力分析《せんりょくぶんせき》

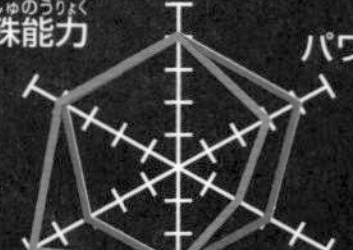

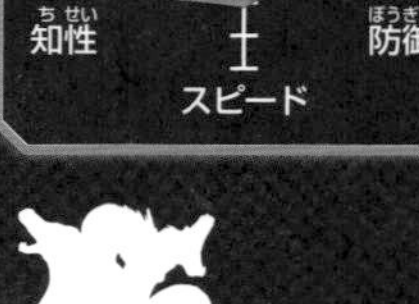

ビースト軍《ぐん》

強敵《きょうてき》・出世《しゅっせ》ぼらを、糸《いと》でからめとって水中《すいちゅう》にしずめる作《さく》戦《せん》で、見事《みごと》1回戦《かいせん》を勝《か》ちぬいた。今回《こんかい》は、小《ちい》さなカイコに分《ぶん》れつして、カイコ軍団《ぐんだん》として戦《たたか》いをいどむ。カイコ（幼虫《ようちゅう》）からさなぎを経《へ》て、成虫《せいちゅう》になることが知《し》られており、今後《こんご》どんな進化《しんか》をとげるかも楽《たの》しみだ。

東京《とうきょう》スカイツリー

シーン1 両者《りょうしゃ》、攻撃《こうげき》の準備《じゅんび》を進《すす》める

どん天《てん》の空《そら》にそびえ立《た》つスカイツリーに五頭龍《ごずりゅう》がからみつき、5つの口《くち》からはわずかな炎《ほのお》が見《み》える。一気《いっき》にユキヨシさまを焼《や》き殺《ころ》すつもりである。ユキヨシさま軍《ぐん》は、口先《くちさき》からちょろちょろと糸《いと》をはいて、周辺《しゅうへん》からじわじわと包囲《ほうい》もうをせばめている。

シーン2 ユキヨシさま、糸《いと》で橋《はし》を作《つく》る

五頭龍《ごずりゅう》が口《くち》からはく炎《ほのお》で、一匹《いっぴき》ずつ殺《ころ》されていくユキヨシさま。だが、その攻撃《こうげき》をかいくぐってはき出《だ》す糸《いと》をスカイツリーにからみつけ、橋《はし》を作《つく》ることに成功《せいこう》。その糸《いと》の橋《はし》の上《うえ》を、無数《むすう》のユキヨシさまがはい進《すす》んで、スカイツリーを目指《めざ》す。橋《はし》の存在《そんざい》は、五頭龍《ごずりゅう》には気《き》づかれていない。

Winner!

勝者《しょうしゃ》　ビースト軍《ぐん》　ユキヨシさま

シーン3　ユキヨシさま、五頭龍《ごずりゅう》をからめとる

五頭龍《ごずりゅう》は、狂《くる》ったように、四方八方《しほうはっぽう》へ火炎《かえん》を放射《ほうしゃ》しまくる。だが気《き》づくと五頭龍《ごずりゅう》は、無数《むすう》のユキヨシさまの糸《いと》にからめとられ、抵抗《ていこう》できなくなっていた。五頭龍《ごずりゅう》は、生命力《せいめいりょく》を吸《す》い取《と》られ静《しず》かに絶命《ぜつめい》する。そこで得《え》た生命力《せいめいりょく》をもとに、ユキヨシさまは、幼虫《ようちゅう》からさなぎになろうとしている。

バトル結果《けっか》

圧《あっ》とう的《てき》なパワーをほこる五頭龍《ごずりゅう》に対《たい》して、数《かず》でいどんだユキヨシさま。糸《いと》で橋《はし》を作《つく》って接近《せっきん》し、少《すこ》しずつこう束《そく》していく地道《じみち》な作戦《さくせん》で、ユキヨシさまが勝利《しょうり》をつかんだ。

雲《くも》から放《はな》つ稲妻《いなずま》VS.うごめく無数《むすう》のミミズ

雲《くも》と共《とも》に現《あらわ》れ、雲《くも》と共《とも》に去《さ》る

雲《くも》の巨人《きょじん》

DATA

分類《ぶんるい》 巨人《きょじん》（UMA《ユーマ》）
地域《ちいき》 南《みなみ》アフリカ
時代《じだい》 2020年《ねん》ごろ
武器《ぶき》 巨大《きょだい》なパワー、しゅん間移動《かんいどう》

体長《たいちょう》 35～40m《メートル》
形態《けいたい》 巨大《きょだい》な体《からだ》と長《なが》い手足《てあし》を持《も》つ

ビースト軍《ぐん》

雲《くも》の巨人《きょじん》の基本的《きほんてき》な戦闘《せんとう》スタイルは、接近戦《せっきんせん》のパワーファイトだ。1回戦《かいせん》も、肉弾戦《にくだんせん》に、しゅん間移動《かんいどう》の特技《とくぎ》をからめることで、印旛沼《いんばぬま》の龍《りゅう》に勝利《しょうり》した。雲《くも》の間《あいだ》に流《なが》れる電気《でんき》を操《あやつ》って、手《て》から雷《かみなり》を発射《はっしゃ》する秘技《ひぎ》も持《も》っている。

狂乱《きょうらん》の貴公子《きこうし》

ミニョコン

DATA

分類《ぶんるい》 ミミズ（UMA《ユーマ》）
地域《ちいき》 ブラジル
時代《じだい》 18世紀《せいき》から
武器《ぶき》 無制限《むせいげん》にのびる体《からだ》、硬《かた》い皮《ひ》ふ、再生能力《さいせいのうりょく》

体長《たいちょう》 胴回《どうまわ》り6m《メートル》、全長《ぜんちょう》は90m《メートル》
形態《けいたい》 巨大《きょだい》なミミズのような姿《すがた》

ビースト軍《ぐん》

1回戦《かいせん》では、切《き》り刻《きざ》まれて、食《た》べられてしまうというピンチにおちいったが、驚異《きょうい》の再生能力《さいせいのうりょく》を活《い》かして相手《あいて》を撃破《げきは》した。巨大化《きょだいか》したり、分《ぶん》れつしたりを状況《じょうきょう》に応《おう》じて使《つか》い分《わ》けて戦《たたか》う。今回《こんかい》の戦《たたか》いは、再生《さいせい》＆分《ぶん》れつで増《ふ》えたミニョコンの群《む》れで戦《たたか》いにいどむ。

戦力分析《せんりょくぶんせき》

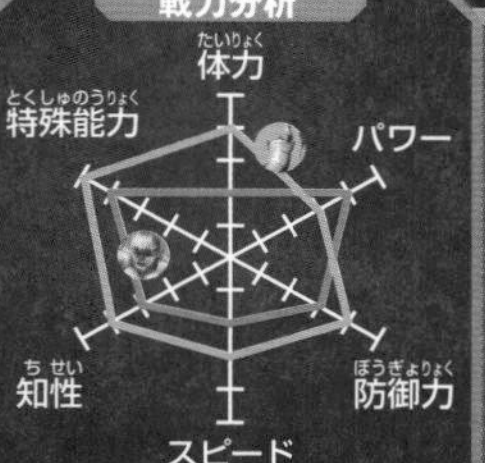

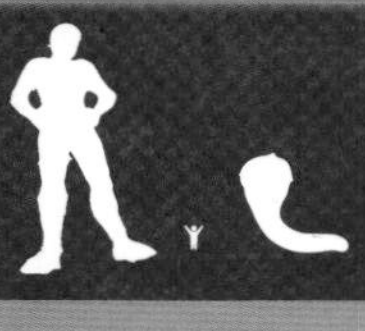

シーン1

ミニョコン、群《む》れで体《からだ》をよじ登《のぼ》る

雲《くも》の巨人《きょじん》が仁王立《におうだ》ちしている。その足元《あしもと》からじわじわと接近《せっきん》していくミニョコンの群《む》れ。やがて、全身《ぜんしん》が、ミニョコンにおおわれる。しかし、雲《くも》の巨人《きょじん》は、一《いっ》しゅんにして姿《すがた》を消《け》し、次《つぎ》のしゅん間《かん》には100メートルほどはなれたところに姿《すがた》を現《あらわ》す。

シーン2 雲《くも》の巨人《きょじん》、稲妻《いなずま》で次《つぎ》つぎと焼《や》き殺《ころ》す

雲《くも》の巨人《きょじん》の手《て》から小《ちい》さな稲妻《いなずま》が発生《はっせい》している。再《ふたた》びミニョコンが足元《あしもと》からよじ登《のぼ》ってくるが、雲《くも》の巨人《きょじん》は手《て》から発《はっ》生《せい》させた小《ちい》さな稲妻《いなずま》で、1匹《ぴき》ずつ確実《かくじつ》に焼《や》き殺《ころ》していく。

シーン3 巨大《きょだい》ミニョコン、巻《ま》きつきしめ上《あ》げる

Winner!

勝者《しょうしゃ》 ビースト軍《ぐん》 ミニョコン

雲《くも》の巨人《きょじん》の圧勝《あっしょう》かと思《おも》われたその時《とき》、小《ちい》さなミニョコンたちが1つに合体《がったい》し、1匹《ぴき》の巨大《きょだい》ミニョコンに成《せい》長《ちょう》する。ものすごい力《ちから》で雲《くも》の巨人《きょじん》に巻《ま》きつき、しめ上《あ》げる巨大《きょだい》ミニョコン。抵抗《ていこう》する雲《くも》の巨人《きょじん》は、思《おも》わず力《ちから》が入《はい》りすぎ、指先《ゆびさき》から稲妻《いなずま》を大量《たいりょう》に放出《ほうしゅつ》し、大爆発《だいばくはつ》を起《お》こして消《き》えてしまった。

バトル結果《けっか》

巨大《きょだい》ミニョコンにしめ上《あ》げられることで、雲《くも》の巨《きょ》人《じん》は雷《かみなり》の制《せい》ぎょができなくなり、それによって雲《くも》内部《ないぶ》を流《なが》れる電気《でんき》が大爆発《だいばくはつ》を引《ひ》き起《お》こした。ミニョコンの見事《みごと》な勝利《しょうり》だ。

敵《てき》を取《と》りこむ不気味《ぶきみ》な妖怪《ようかい》 VS. 姿《すがた》の見《み》えない異次元《いじげん》の生命体《せいめいたい》

吸収《きゅうしゅう》した相手《あいて》の能力《のうりょく》をうばう
八頭《やつがしら》

DATA

分類《ぶんるい》 蛇《へび》（妖怪《ようかい》）
地域《ちいき》 高知県《こうちけん》
時代《じだい》 神話時代《しんわじだい》から
武器《ぶき》 吸収《きゅうしゅう》、人間《にんげん》の頭《あたま》（コブ）攻撃《こうげき》

体長《たいちょう》 4〜8m《メートル》
形態《けいたい》 8つの人面《じんめん》を持《も》つ

電磁波《でんじは》の波状攻撃《はじょうこうげき》
スペースクリッター

DATA

分類《ぶんるい》 電磁波《でんじは》の生命体《せいめいたい》（UMA《ユーマ》）
地域《ちいき》 カナダ
時代《じだい》 20世紀《せいき》から
武器《ぶき》 放出《ほうしゅつ》する電磁波《でんじは》

体長《たいちょう》 数十m《すうじゅうメートル》〜百m《ひゃくメートル》
形態《けいたい》 目《め》に見《み》えない電磁波《でんじは》で体《からだ》が作《つく》られる

ドラゴン軍《ぐん》

初戦《しょせん》では、南米《なんべい》の狼男《おおかみおとこ》ロビソンとの激戦《げきせん》の末《すえ》に、何《なん》とか相手《あいて》を吸収《きゅうしゅう》し勝利《しょうり》した。ロビソンを8つ目《め》の首《くび》に加《くわ》えて、さらにパワーアップしている。次《つぎ》の対戦相手《たいせんあいて》は、目《め》に見《み》えない電磁波《でんじは》で体《からだ》ができているスペースクリッターだ。相手《あいて》を取《と》りこむことはできるのか!?

戦力分析《せんりょくぶんせき》

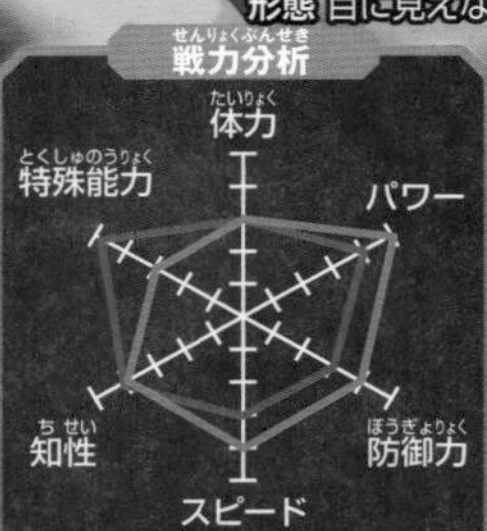

ビースト軍《ぐん》

大気圏《たいきけん》から地球上《ちきゅうじょう》のあらゆる場所《ばしょ》まで、一《いっ》しゅんで飛行《ひこう》して移動《いどう》し、異次元《いじげん》バトルを展開《てんかい》するスペースクリッター。電磁波《でんじは》で、機械《きかい》や生物《せいぶつ》を不調《ふちょう》にさせるのが武器《ぶき》だ。スペースクリッターの体内《たいない》の電磁波《でんじは》は比《ひ》かく的《てき》安定《あんてい》しており、雲《くも》の巨人《きょじん》のように制御《せいぎょ》できなくなることはない。

シーン1 両者《りょうしゃ》、ゆっくりと距離《きょり》をつめる

坂本龍馬像《さかもとりょうまぞう》が見守《みまも》る桂浜《かつらはま》。その浜辺《はまべ》には、無数《むすう》の松《まつ》が植《う》えられている。そのそばで、相手《あいて》を待《ま》つ八頭《やつがしら》。その目玉《めだま》にはギラギラした野心《やしん》が宿《やど》っている。前方《ぜんぽう》の空《そら》が怪《あや》しくくもってきた。いよいよスペースクリッターのお出《で》ましである。

シーン2 スペースクリッター、相手《あいて》の体《からだ》を包《つつ》みこむ

首《くび》をのばして臨戦態勢《りんせんたいせい》の八頭《やつがしら》。スペースクリッターが八頭《やつがしら》の体《からだ》を全部《ぜんぶ》包《つつ》みこむ。だんだんと八頭《やつがしら》の動《うご》きがにぶくなってくる。

シーン3 天《てん》のいたずらか!? ハプニング発生《はっせい》!

Winner!

勝者《しょうしゃ》 ドラゴン軍《ぐん》 八頭《やつがしら》

その時《とき》、すぐ横《よこ》の坂本龍《さかもとりょう》馬像《まぞう》に雷《かみなり》が落下《らっか》し、辺《あた》り一面《いちめん》に電気《でんき》が流《なが》れる。スペースクリッターの全《ぜん》身《しん》に強力《きょうりょく》な電撃《でんげき》が走《はし》り、粉《こな》ごなになってしまう。八頭《やつがしら》は、雷《かみなり》の電撃《でんげき》のえいきょうを受《う》けたものの、フラフラになりながらもなんとか生《い》き残《のこ》った。

バトル結果《けっか》

勝負《しょうぶ》は、天《てん》から落《お》ちた雷《かみなり》によって決《き》まった。雷《かみなり》で、バラバラになったスペースクリッター。八頭《やつがしら》は、その一《いっ》しゅんのうちに、相手《あいて》を吸収《きゅうしゅう》することに成功《せいこう》したようだ。

西代表《にしだいひょう》・不死身《ふじみ》のドラゴン VS.東代表《ひがしだいひょう》・雨風《あめかぜ》をあやつるドラゴン

まぼろしの9本首《ほんくび》

ヒュドラ

DATA

分類《ぶんるい》 龍《りゅう》（怪物《かいぶつ》）
地域《ちいき》 ギリシャ
時代《じだい》 神話時代《しんわじだい》から
武器《ぶき》 何回《なんかい》でも生《は》えてくる首《くび》

体長《たいちょう》 数百《すうひゃく》 m《メートル》
形態《けいたい》 多頭龍《たとうりゅう》

雨《あめ》を自在《じざい》に操《あやつ》る魔法使《まほうつか》い

応龍《おうりゅう》

DATA

分類《ぶんるい》 龍《りゅう》（怪物《かいぶつ》）
地域《ちいき》 中国《ちゅうごく》
時代《じだい》 太古《たいこ》から
武器《ぶき》 雨《あめ》つぶを自由自《じゆうじ》在《ざい》に操《あやつ》る

体長《たいちょう》 20～数百《すうひゃく》 m《メートル》
形態《けいたい》 翼《つばさ》の生《は》えた龍《りゅう》

ドラゴン軍《ぐん》

西洋《せいよう》を代表《だいひょう》するドラゴン。切《き》り落《お》とされても何度《なんど》でも再生《さいせい》する不老不死《ふろうふし》の首《くび》の力《ちから》で、3本足《ぼんあし》の悪魔《あくま》エンフィールドホラーをたおし1回戦《かいせん》を突破《とっぱ》した。その血《ち》には、猛毒《もうどく》がふくまれており、ギリシャ神話《しんわ》の英雄《えいゆう》ヘラクレスでさえも、その毒《どく》によって死《し》んでいる。

戦力分析《せんりょくぶんせき》

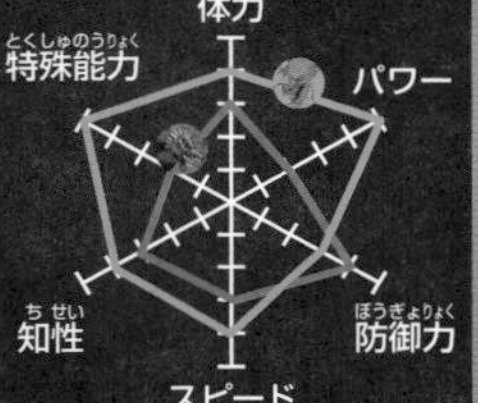

ドラゴン軍《ぐん》

東洋《とうよう》を代表《だいひょう》するドラゴン。1回戦《かいせん》では、水《みず》を操《あやつ》って洪水《こうずい》を起《お》こすという、得意《とくい》の荒技《あらわざ》で、合成獣《ごうせいじゅう》・サルトラヘビを撃退《げきたい》した。中国《ちゅうごく》の最初《さいしょ》の皇帝《こうてい》に仕《つか》えていた神獣《しんじゅう》とされており、それに敵対《てきたい》する軍神《ぐんしん》・蚩尤《しゆう》との決戦《けっせん》では、嵐《あらし》を起《お》こして敵軍《てきぐん》をけちらした伝説《でんせつ》が残《のこ》る。

シーン1 両者《りょうしゃ》、激《はげ》しいにらみ合《あ》い

いてつくような寒《さむ》さの北極《ほっきょく》。先《さき》にとう着《ちゃく》したヒュドラが応龍《おうりゅう》を待《ま》ち構《かま》えている。９本《ほん》の首《くび》は、小《ちい》さく小刻《こきざ》みに動《うご》きながら今《いま》にもかみつこうとしている。ひときわかん高《だか》いさけび声《ごえ》とともに応龍《おうりゅう》がとう着《ちゃく》。もうれつな暴風《ぼうふう》をともない、雨《あめ》つぶの量《りょう》もはんぱではない。

シーン2 ヒュドラ、9つの首《くび》でいっせい攻撃《こうげき》

ヒュドラは、暴風雨《ぼうふうう》をものともせずに、９つの首《くび》で絶《た》えず攻撃《こうげき》する。応龍《おうりゅう》も、さらに強《つよ》い暴風《ぼうふう》を起《お》こして、それに応《おう》戦《せん》する。

決戦《けっせん》が長引《ながび》くと、あまりの寒風《かんぷう》に、ヒュドラの首《くび》が凍《こお》りつき、次《つぎ》つぎに落《お》ちていく。さすがの不死身《ふじみ》のヒュドラもたえきれず、やがて全身《ぜんしん》が凍《こお》りつき、北極海《ほっきょくかい》にしずんでいった。

Winner!

勝者《しょうしゃ》 ドラゴン軍《ぐん》 **応龍《おうりゅう》**

シーン3 東西《とうざい》ドラゴン対決《たいけつ》の結末《けつまつ》は？

バトル結果《けっか》

ヒュドラは死《し》なない存在《そんざい》だが、凍《こお》らされて戦《たたか》えなくなったため、この戦《たたか》いは敗戦《はいせん》となった。地《ち》の利《り》を活《い》かしながら、自《みずか》らの能力《のうりょく》を最大限利用《さいだいげんりよう》した応龍《おうりゅう》が、東西《とうざい》ドラゴン対決《たいけつ》を制《せい》した。

虹《にじ》から放《はな》つ異《い》次《じ》元《げん》の技《わざ》 VS.一《ひと》つ目《め》怪《かい》物《ぶつ》の秘《ひ》技《ぎ》

虹《にじ》が生《う》み出《だ》すレインボー攻撃《こうげき》
虹《にじ》の大蛇《だいじゃ》

DATA

分類《ぶんるい》 神《かみ》
地域《ちいき》 オーストラリア、北米大陸《ほくべいたいりく》
時代《じだい》 太古《たいこ》から
武器《ぶき》 虹《にじ》を自由《じゆう》に操《あやつ》る

体長《たいちょう》 数十《すうじゅう》~数百《すうひゃく》 m《メートル》
形態《けいたい》 虹《にじ》そのもの

一《ひと》つ目《め》の怪力巨人《かいりききょじん》
サイクロプス

DATA

分類《ぶんるい》 巨人《きょじん》（怪物《かいぶつ》）
地域《ちいき》 ギリシャ
時代《じだい》 太古《たいこ》から
武器《ぶき》 手《て》に武器《ぶき》を持《も》って暴《あば》れる

体長《たいちょう》 3~7m《メートル》
形態《けいたい》 目《め》が1つの巨人《きょじん》

戦力分析《せんりょくぶんせき》

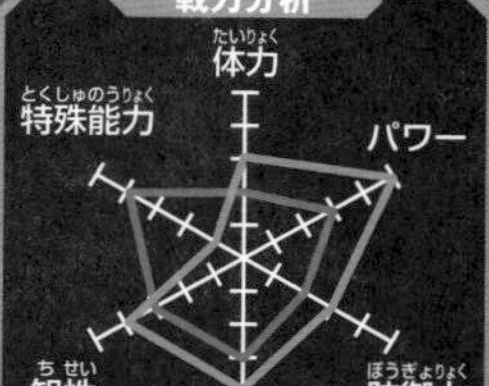

ドラゴン軍《ぐん》

初戦《しょせん》では、得意《とくい》とする大雨《おおあめ》攻撃《こうげき》で善戦《ぜんせん》し、運《うん》にも助《たす》けられて勝利《しょうり》をつかんだ。次《つぎ》の決戦《けっせん》の場《ば》となるのは、ニューカレドニアの海辺《うみべ》だ。水《みず》で囲《かこ》まれた、いつでも自在《じざい》に虹《にじ》を生《う》み出《だ》せる環境《かんきょう》にあり、最大限《さいだいげん》に自分《じぶん》の強《つよ》みを発揮《はっき》できる場所《ばしょ》だ。

ビースト軍《ぐん》

一見《いっけん》、怪力自《かいりきじ》まんの荒《あら》くれ者《もの》という風体《ふうてい》だが、意外《いがい》にも敵《てき》の動《うご》きを冷静《れいせい》に観察《かんさつ》しながら戦局《せんきょく》を見極《みきわ》め、1回戦《かいせん》を勝利《しょうり》した。一《ひと》つ目《め》ゆえに、死角《しかく》になって見《み》えない部分《ぶぶん》があるのは弱点《じゃくてん》だが、その1つの目《め》には、まだひろうされていない、かくされた能力《のうりょく》が秘《ひ》められているようだ。

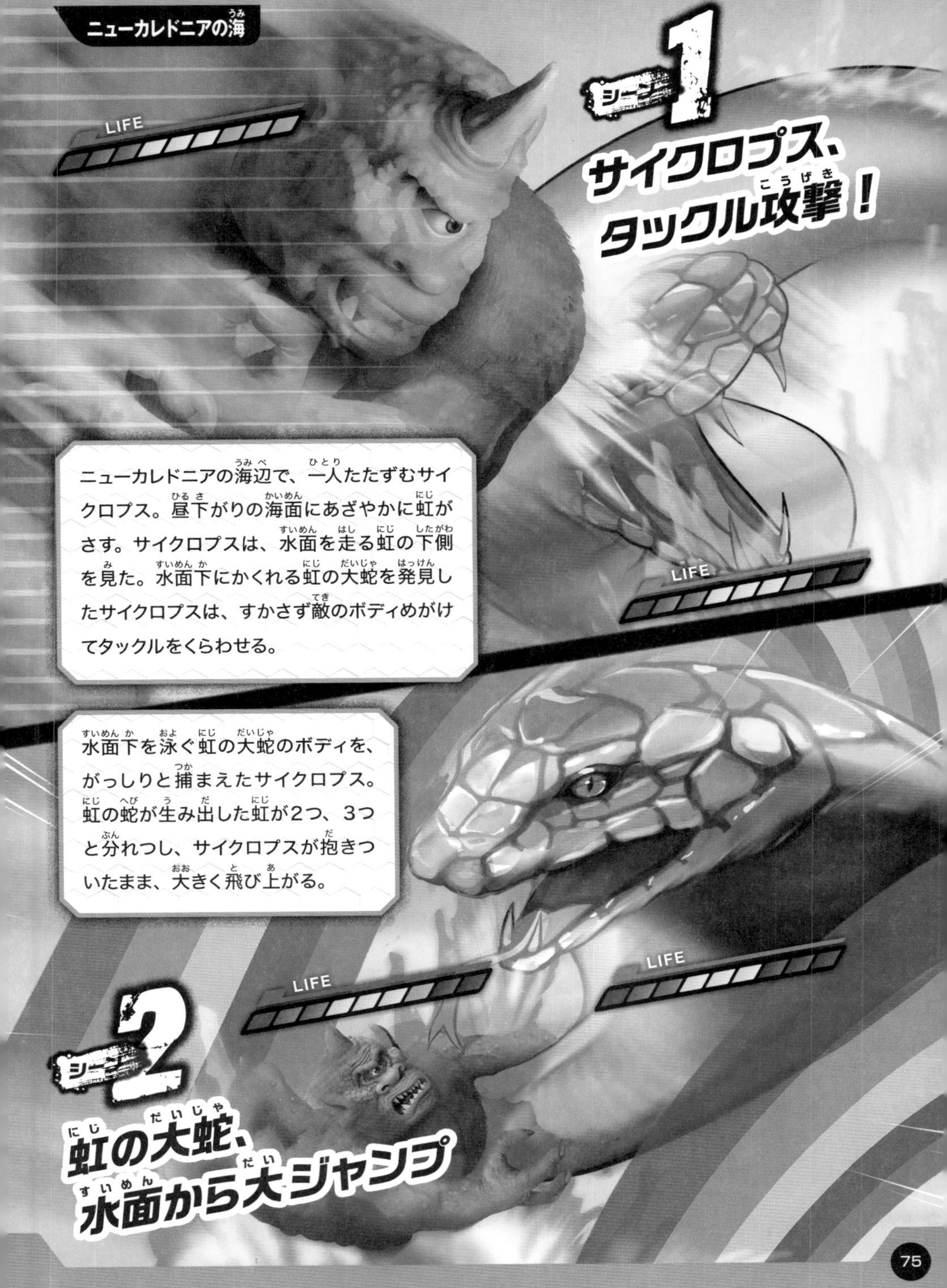

シーン1
サイクロプス、タックル攻撃《こうげき》！

ニューカレドニアの海辺《うみべ》で、一人《ひとり》たたずむサイクロプス。昼下《ひるさ》がりの海面《かいめん》にあざやかに虹《にじ》がさす。サイクロプスは、水面《すいめん》を走《はし》る虹《にじ》の下側《したがわ》を見《み》た。水面下《すいめんか》にかくれる虹《にじ》の大蛇《だいじゃ》を発見《はっけん》したサイクロプスは、すかさず敵《てき》のボディめがけてタックルをくらわせる。

水面下《すいめんか》を泳《およ》ぐ虹《にじ》の大蛇《だいじゃ》のボディを、がっしりと捕《つか》まえたサイクロプス。虹《にじ》の蛇《へび》が生《う》み出《だ》した虹《にじ》が2つ、3つと分《ぶん》れつし、サイクロプスが抱《だ》きついたまま、大《おお》きく飛《と》び上《あ》がる。

シーン2
虹《にじ》の大蛇《だいじゃ》、水面《すいめん》から大《だい》ジャンプ

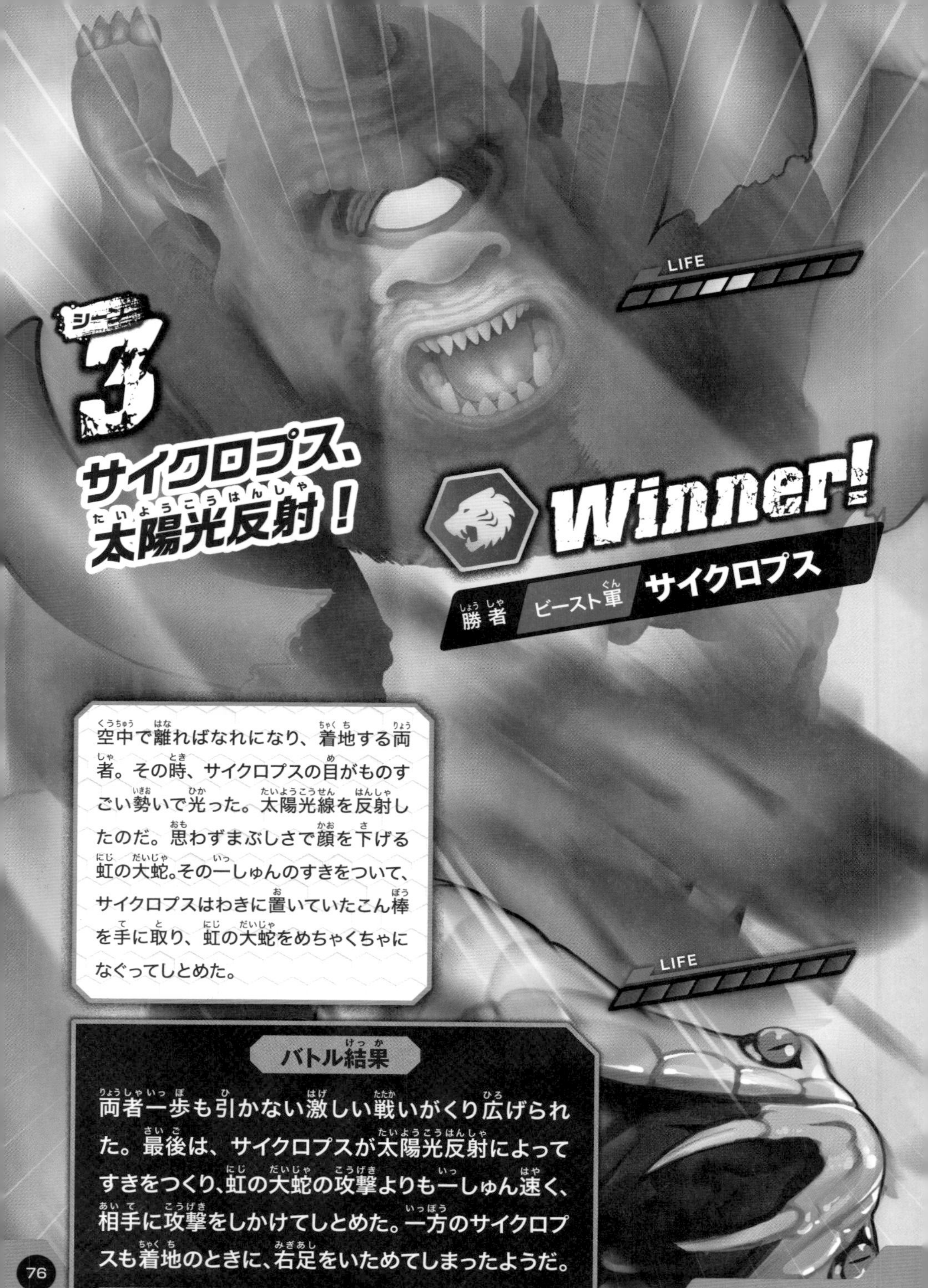

シーン 3

サイクロプス、太陽光反射《たいようこうはんしゃ》！

Winner!

勝者《しょうしゃ》 ビースト軍《ぐん》 サイクロプス

空中《くうちゅう》で離《はな》ればなれになり、着地《ちゃくち》する両《りょう》者《しゃ》。その時《とき》、サイクロプスの目《め》がものすごい勢《いきお》いで光《ひか》った。太陽光線《たいようこうせん》を反射《はんしゃ》したのだ。思《おも》わずまぶしさで顔《かお》を下《さ》げる虹《にじ》の大蛇《だいじゃ》。その一《いっ》しゅんのすきをついて、サイクロプスはわきに置《お》いていたこん棒《ぼう》を手《て》に取《と》り、虹《にじ》の大蛇《だいじゃ》をめちゃくちゃになぐってしとめた。

バトル結果《けっか》

両者《りょうしゃ》一歩《いっぽ》も引《ひ》かない激《はげ》しい戦《たたか》いがくり広《ひろ》げられた。最後《さいご》は、サイクロプスが太陽光反射《たいようこうはんしゃ》によってすきをつくり、虹《にじ》の大蛇《だいじゃ》の攻撃《こうげき》よりも一《いっ》しゅん速《はや》く、相手《あいて》に攻撃《こうげき》をしかけてしとめた。一方《いっぽう》のサイクロプスも着地《ちゃくち》のときに、右足《みぎあし》をいためてしまったようだ。

変形《へんけい》する謎《なぞ》の機械龍《きかいりゅう》 VS. 地中《ちちゅう》にひそむモグラ龍《りゅう》

金属《きんぞく》の鋭利《えいり》な刃物《はもの》
ドラゴンスネイク

DATA
分類《ぶんるい》 ロボット（UMA《ユーマ》）
地域《ちいき》 ソロモン諸島《しょとう》
時代《じだい》 20世紀《せいき》から
武器《ぶき》 金属《きんぞく》のような高《たか》い音《おと》を出《だ》す

体長《たいちょう》 10～20m《メートル》
形態《けいたい》 羽《はね》の生《は》えた龍《りゅう》

ドラゴン軍《ぐん》

生《せ》態不明《いたいふめい》の妖怪《ようかい》・ひとのみを、危《あぶ》なげなく撃破《げきは》して2回戦《かいせん》に進出《しんしゅつ》した。格闘《かくとう》に適《てき》した「ドラゴン形態《けいたい》」と、機動力《きどうりょく》に優《すぐ》れた「円盤形態《えんばんけいたい》」の、2種類《しゅるい》を使《つか》い分《わ》けて戦闘《せんとう》する。謎《なぞ》の破壊的《はかいてき》金属音《きんぞくおん》を立《た》てながら、まるで感情《かんじょう》がないかのように、冷静《れいせい》に敵《てき》をせんめつする。

戦力分析《せんりょくぶんせき》

つき上《あ》げる鋭角《えいかく》アッパー
テキサス・サンドドラゴン

DATA
分類《ぶんるい》 蛇《へび》（UMA《ユーマ》）
地域《ちいき》 アメリカ・テキサス州《しゅう》
時代《じだい》 21世紀以降《せいきいこう》
武器《ぶき》 たてに動《うご》く体《からだ》、2本《ほん》の角《つの》

体長《たいちょう》 10～20m《メートル》
形態《けいたい》 ガラガラヘビに似《に》ている

ドラゴン軍《ぐん》

初《しょ》戦《せん》ではフライングモンキーを相手《あいて》に、蛇《へび》のように長《なが》い胴体《どうたい》でしめ殺《ころ》してたおした。地《ち》中《ちゅう》にもぐりながら、神出鬼没《しんしゅつきぼつ》なゲリラのような戦闘《せんとう》も得意《とくい》としている。頭《あたま》の2本《ほん》の角《つの》は、どんな攻撃《こうげき》でもびくともしないため、土《つち》にもぐれば鉄《てっ》ぺきなフタとなって敵《てき》を寄《よ》せ付《つ》けない。

グアムの上空《じょうくう》でゆっくりと、円盤《えんばん》のようにせん回《かい》しているドラゴンスネイク。地中《ちちゅう》にひそむことを好《この》むテキサス・サンドドラゴンの出方《でかた》をうかがっている様子《ようす》である。「キーン、キーン」とかん高《だか》い音《おと》がひびき渡《わた》る。周囲《しゅうい》の電子機器《でんしきき》をこわす作用《さよう》があるようで、飛行機《ひこうき》がつい落《らく》し、周囲《しゅうい》の車《くるま》や家《いえ》からけむりが上《あ》がる。

シーン 1 ドラゴンスネイク、破壊的《はかいてき》な金属音《きんぞくおん》を鳴《な》らす

地中《ちちゅう》にひそんでいたテキサス・サンドドラゴンだが、不《ふ》快《かい》な金属音《きんぞくおん》に反応《はんのう》し、地中《ちちゅう》からゆっくりとかま首《くび》をもたげて、戦闘態勢《せんとうたいせい》に入《はい》る。すかさずドラゴンスネイクが回転《かいてん》しながら、真上《まうえ》から突進《とっしん》する。テキサス・サンドドラゴンは、頭《あたま》の2本《ほん》の角《つの》でブロックし、攻撃《こうげき》をかわす。

シーン 2 テキサス・サンドドラゴン、角《つの》で受《う》け流《なが》す

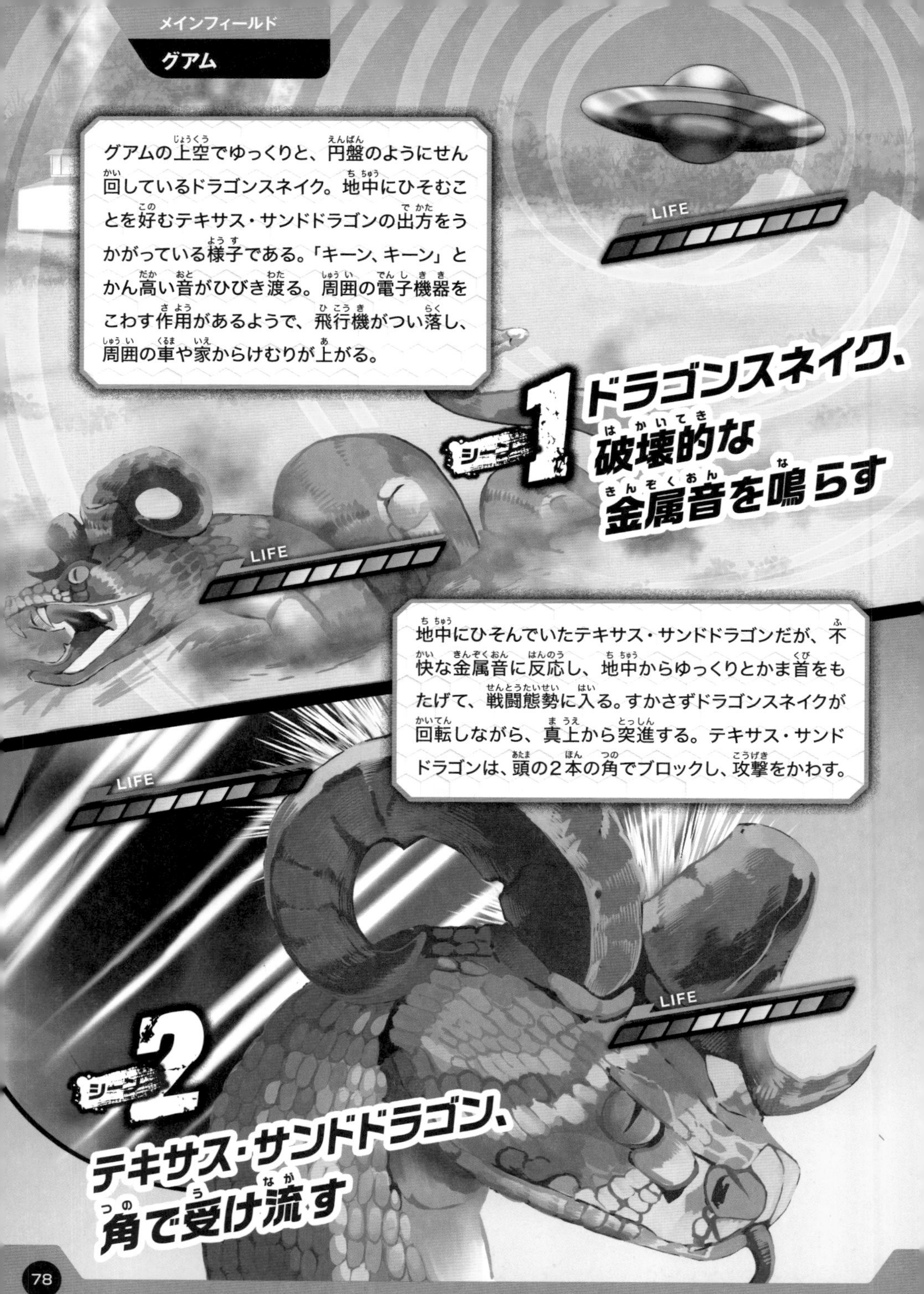

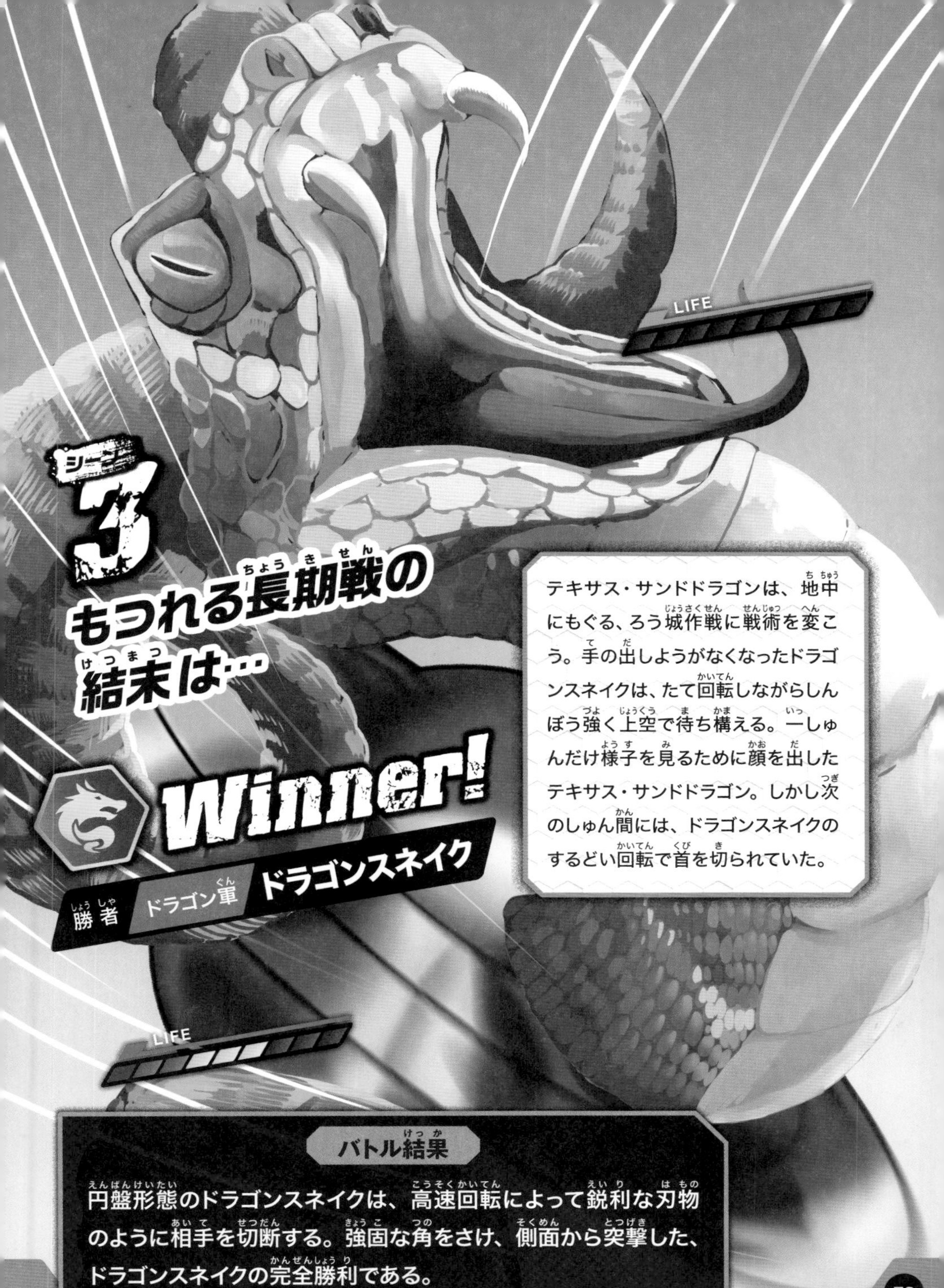

シーン 3
もつれる長期戦《ちょうきせん》の結末《けつまつ》は…

Winner!

勝者《しょうしゃ》 ドラゴン軍《ぐん》 ドラゴンスネイク

テキサス・サンドドラゴンは、地中《ちちゅう》にもぐる、ろう城作戦《じょうさくせん》に戦術《せんじゅつ》を変《へん》こう。手《て》の出《だ》しようがなくなったドラゴンスネイクは、たて回転《かいてん》しながらしんぼう強《づよ》く上空《じょうくう》で待《ま》ち構《かま》える。一《いっ》しゅんだけ様子《ようす》を見《み》るために顔《かお》を出《だ》したテキサス・サンドドラゴン。しかし次《つぎ》のしゅん間《かん》には、ドラゴンスネイクのするどい回転《かいてん》で首《くび》を切《き》られていた。

バトル結果《けっか》

円盤形態《えんばんけいたい》のドラゴンスネイクは、高速回転《こうそくかいてん》によって鋭利《えいり》な刃物《はもの》のように相手《あいて》を切断《せつだん》する。強固《きょうこ》な角《つの》をさけ、側面《そくめん》から突撃《とつげき》した、ドラゴンスネイクの完全勝利《かんぜんしょうり》である。

Battle 23
第2回戦

目《め》に見《み》えない飛行生物《ひこうせいぶつ》 vs.地中《ちちゅう》を泳《およ》ぐクジラ

空飛《そらと》ぶ謎《なぞ》の生物《せいぶつ》

フライングマンタ

DATA

分類《ぶんるい》 クリッター（空中《くうちゅう》に生息《せいそく》するUMA《ユーマ》）の仲間《なかま》
地域《ちいき》 アメリカ、スペイン
時代《じだい》 21世紀《せいき》
武器《ぶき》 毒針《どくばり》

体長《たいちょう》 1〜3m《メートル》
形態《けいたい》 海中《かいちゅう》のエイに似《に》ている

地震《じしん》を起《お》こす壮大《そうだい》な魔物《まもの》

山鯨《やまくじら》

DATA

分類《ぶんるい》 クジラ（妖怪《ようかい》）
地域《ちいき》 山間部《さんかんぶ》
時代《じだい》 20世紀《せいき》
武器《ぶき》 巨大《きょだい》な肉体《にくたい》でくり出《だ》すパワー

体長《たいちょう》 10〜数十《すうじゅう》m《メートル》
形態《けいたい》 クジラと同《おな》じ姿《すがた》

ビースト軍《ぐん》

通常《つうじょう》の生物《せいぶつ》の肉眼《にくがん》ではとらえることができない謎《なぞ》の生命体《せいめいたい》で、尻尾《しっぽ》の毒針《どくばり》は相手《あいて》をしゅん殺《さつ》する力《ちから》を持《も》っている。初戦《しょせん》は、同《おな》じ毒《どく》を持《も》つ七歩蛇《しちほだ》を相手《あいて》に、姿《すがた》が見《み》えない効果《こうか》と毒《どく》が効《き》かない耐性《たいせい》を活《い》かしながら、危《あぶ》なげなく勝利《しょうり》を手《て》にした。

戦力分析《せんりょくぶんせき》

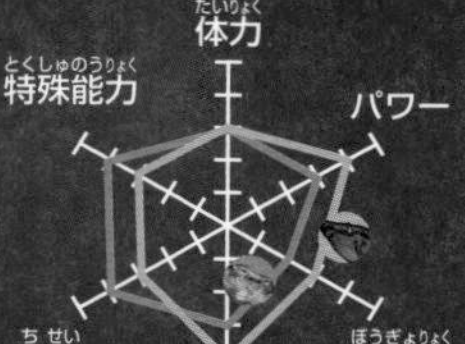

ビースト軍《ぐん》

海《うみ》を泳《およ》ぐクジラと同《おな》じ姿《すがた》で、地中《ちちゅう》を泳《およ》ぐように移動《いどう》できる妖怪《ようかい》。初戦《しょせん》は、巨大《きょだい》な地震《じしん》を起《お》こして、絶大《ぜつだい》なパワーで相手《あいて》を圧《あっ》とうし無傷《むきず》で勝利《しょうり》した。姿《すがた》を見《み》せずに空中《くうちゅう》をただようフライングマンタは、相性《あいしょう》が悪《わる》い相手《あいて》だが、どのような戦術《せんじゅつ》を組《く》み立《た》てるか見《み》ものだ。

アメリカ・ロッキー山脈《さんみゃく》

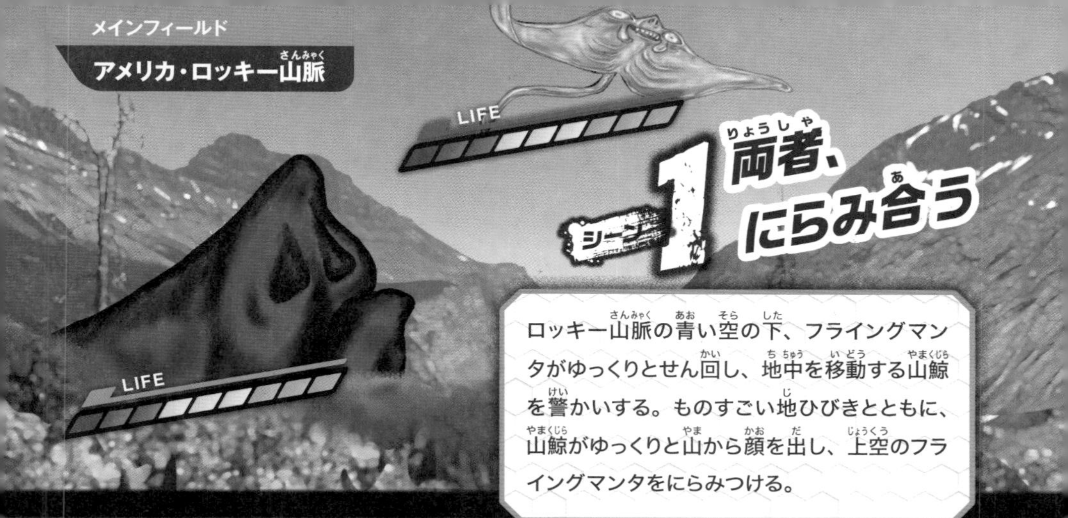

シーン1 両者《りょうしゃ》、にらみ合《あ》う

ロッキー山脈《さんみゃく》の青《あお》い空《そら》の下《した》、フライングマンタがゆっくりとせん回《かい》し、地中《ちちゅう》を移動《いどう》する山鯨《やまくじら》を警《けい》かいする。ものすごい地《じ》ひびきとともに、山鯨《やまくじら》がゆっくりと山《やま》から顔《かお》を出《だ》し、上空《じょうくう》のフライングマンタをにらみつける。

シーン2 山鯨《やまくじら》、山《やま》から飛《と》び出《だ》して奇襲《きしゅう》！

山鯨《やまくじら》は、とつ然《ぜん》顔《かお》を引《ひ》っこめて姿《すがた》を消《け》し、地《ち》中《ちゅう》を移動《いどう》する。フライングマンタは、ロッキー山脈《さんみゃく》の中腹《ちゅうふく》あたりを通過《つうか》しようとするが、そのしゅん間《かん》、山《やま》の中《なか》から山鯨《やまくじら》が飛《と》び出《だ》し、フライングマンタをくわえこむ。

シーン3 両者《りょうしゃ》、地面《じめん》に急降下《きゅうこうか》…

Winner!

勝者《しょうしゃ》 ビースト軍《ぐん》 フライングマンタ

山鯨《やまくじら》が、フライングマンタをくわえたまま、地面《じめん》に向《む》かって急降下《きゅうこうか》。地面《じめん》にしょうとつしたしゅん間《かん》、山鯨《やまくじら》の口《くち》の中《なか》にもぐりこむフライングマンタ。山鯨《やまくじら》がばったりとたおれる。口《くち》の中《なか》でフライングマンタが毒針《どくばり》をさしたのだ。

バトル結果《けっか》

肉眼《にくがん》ではとらえられないフライングマンタだが、山鯨《やまくじら》はその気配《けはい》を感《かん》じ取《と》って、捕捉《ほそく》することに成《せい》功《こう》した。しかし、最後《さいご》は口《くち》の中《なか》に毒針《どくばり》を打《う》ちこまれて絶命《ぜつめい》することとなった。

Battle 24
第2回戦

山岳《さんがく》にすむパワーファイター VS. 水中《すいちゅう》が根城《ねじろ》の昆虫軍団《こんちゅうぐんだん》

知力《ちりょく》で戦《たたか》う獣人《じゅうじん》

藍婆《らんばば》

DATA

分類《ぶんるい》 サル（妖怪《ようかい》）
地域《ちいき》 広島県《ひろしまけん》・比婆山《ひばやま》
時代《じだい》 江戸時代《えどじだい》から
武器《ぶき》 ものすごい怪力《かいりき》

体長《たいちょう》 1.7～2m《メートル》近《ちか》く
形態《けいたい》 毛《け》だらけの獣人《じゅうじん》

ビースト軍《ぐん》

巨大化《きょだいか》した吸血生物《きゅうけつせいぶつ》

水神様《すいじんさま》

DATA

分類《ぶんるい》 昆虫《こんちゅう》（妖怪《ようかい》）
地域《ちいき》 水域《すいいき》
時代《じだい》 20世紀《せいき》
武器《ぶき》 血《ち》を吸《す》う

体長《たいちょう》 1.7～2m《メートル》くらい
形態《けいたい》 巨大《きょだい》なゲンゴロウ

ビースト軍《ぐん》

初戦《しょせん》では、九頭竜《くずりゅう》を相手《あいて》に、敵《てき》の攻撃《こうげき》をかわしながら、首《くび》をからませて、焼《や》き殺《ころ》すという、身体能力《しんたいのうりょく》と頭脳《ずのう》を活《い》かした戦術《せんじゅつ》で勝利《しょうり》をもぎとった。次《つぎ》なる相手《あいて》は昆虫《こんちゅう》の姿《すがた》をした謎《なぞ》の妖怪《ようかい》・水神様《すいじんさま》だ。どんな攻撃《こうげき》をするか予想《よそう》がつかないやりづらい相手《あいて》だ。

戦力分析《せんりょくぶんせき》

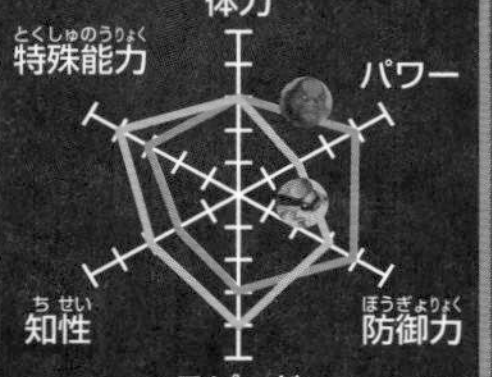

1回戦《かいせん》では、頭脳明《ずのうめい》せきなケクロプスを相手《あいて》に、卵《たまご》を産《う》み付《つ》ける小学生《しょうがくせい》の悪知恵《わるぢえ》のような戦略《せんりゃく》で、見事撃破《みごとげきは》した。巨大化《きょだいか》したままパワーファイターとして戦《たたか》えるだけでなく、通常《つうじょう》のゲンゴロウのサイズに分《ぶん》れつして小《ちい》さな昆虫集団《こんちゅうしゅうだん》で戦《たたか》うこともできる。

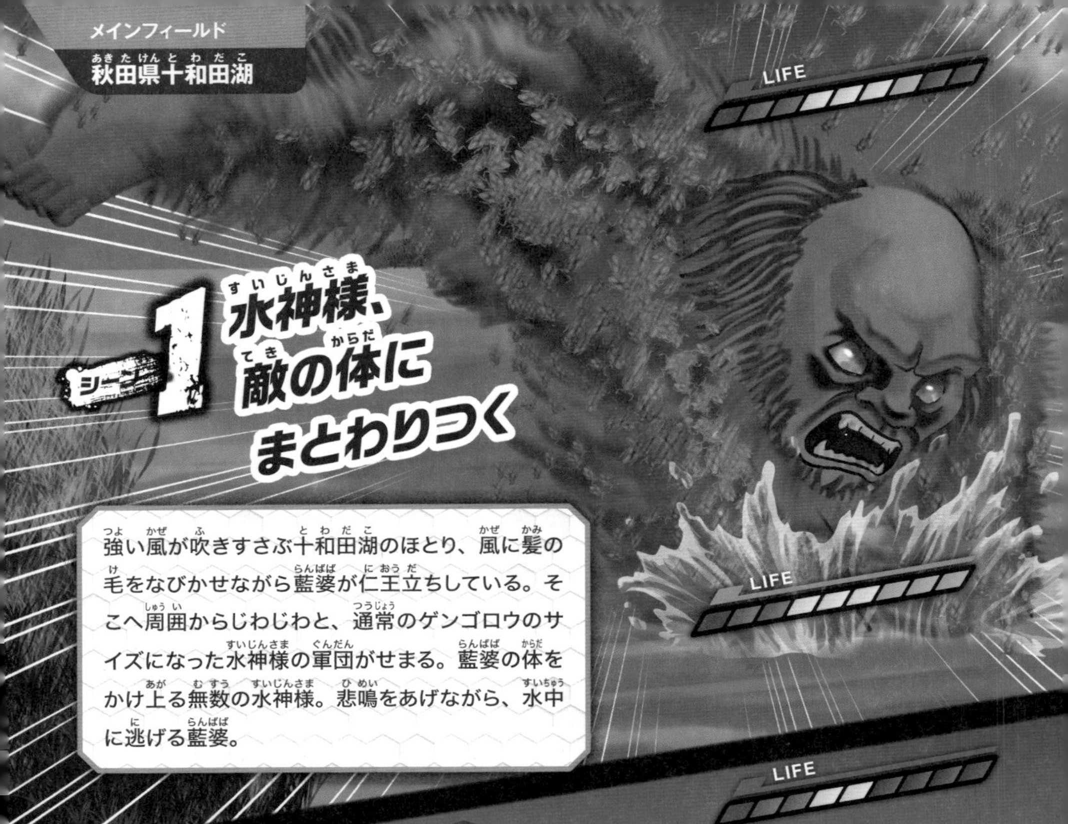

シーン1 水神様《すいじんさま》、敵《てき》の体《からだ》にまとわりつく

強《つよ》い風《かぜ》が吹《ふ》きすさぶ十和田湖《とわだこ》のほとり、風《かぜ》に髪《かみ》の毛《け》をなびかせながら藍婆《らんばば》が仁王立《におうだ》ちしている。そこへ周囲《しゅうい》からじわじわと、通常《つうじょう》のゲンゴロウのサイズになった水神様《すいじんさま》の軍団《ぐんだん》がせまる。藍婆《らんばば》の体《からだ》をかけ上《あが》る無数《むすう》の水神様《すいじんさま》。悲鳴《ひめい》をあげながら、水中《すいちゅう》に逃《に》げる藍婆《らんばば》。

シーン2 水神様《すいじんさま》、無数《むすう》の昆虫《こんちゅう》による吸血攻撃《きゅうけつこうげき》！

しかし、水《みず》の中《なか》に入《はい》っても、藍婆《らんばば》の全身《ぜんしん》にたかった水神様《すいじんさま》を降《ふ》り落《お》とすことはできない。水生昆虫《すいせいこんちゅう》のゲンゴロウは、むしろ水中《すいちゅう》が得意《とくい》だったのだ。藍婆《らんばば》は、まとわりついた水神様《すいじんさま》に、どんどん吸血《きゅうけつ》されて生命力《せいめいりょく》をうばわれていく。

シー 3
藍婆《らんばば》、絶体絶命《ぜったいぜつめい》のピンチ

藍婆《らんばば》が、意識《いしき》を失《うしな》いかけたとき、奇跡《きせき》が起《お》こった。十和田湖《とわだこ》の湖底《こてい》にあった活火《かつか》山《ざん》が噴火《ふんか》したのだ。降《ふ》り注《そそ》ぐ火《ひ》の雨《あめ》。降《ふ》りかかる火《ひ》の玉《たま》によって、藍婆《らんばば》の全身《ぜんしん》に取《と》り付《つ》いていた水神様《すいじんさま》が１匹《びき》ずつ焼《や》け死《し》に、やがて全《ぜん》めつしてしまった。

バトル結果《けっか》

水神様《すいじんさま》の圧勝《あっしょう》と思《おも》われたが、まさかの大噴火《だいふんか》。火《か》山《ざん》が一段落《いちだんらく》したときには、藍婆《らんばば》も全身《ぜんしん》に火傷《やけど》を負《お》っていた。どうにか勝《か》ったものの、息《いき》も絶《た》え絶《だ》えの藍婆《らんばば》であった。

ドラゴン謎《なぞ》コラム 2

日本《にほん》の龍《りゅう》

―身近《みぢか》だが、神《かみ》にもなる存在《そんざい》―

19世紀《せいき》に日本《にほん》で描《えが》かれた3本指《ぼんゆび》の龍《りゅう》。「釈迦八相記今様写絵《しゃかはっそうきいまようようつしえ》」二代目歌川国貞《にだいめうたがわくにさだ》。

形《かたち》にルールがないのが特《とく》ちょう

日本《にほん》の龍《りゅう》は、中国《ちゅうごく》ほど決《き》まった姿《すがた》・形《かたち》はなく、指《ゆび》の数《かず》も３本《ぼん》が多《おお》く、４本《ほん》や５本《ほん》のものもある。また、西洋《せいよう》のドラゴンのように翼《つばさ》が生《は》えた個体《こたい》はほとんど伝承《でんしょう》されていない。

また、日本《にほん》の龍《りゅう》は、大蛇《だいじゃ》との区別《くべつ》があまり見《み》られない。ヤマタノオロチなども角《つの》のある龍《りゅう》の姿《すがた》で描《えが》かれる場合《ばあい》と、巨《きょ》大《だい》なヘビの姿《すがた》で描《えが》かれる場合《ばあい》がある。龍《りゅう》と大蛇《だいじゃ》を、細《こま》かく分類《ぶんるい》しないというのも日本人《にほんじん》の特《とく》ちょうといえる。実際《じっさい》、大蛇《だいじゃ》が年月《ねんげつ》を経《へ》ると龍《りゅう》に昇格《しょうかく》するという言《い》い伝《つた》えもある。

葛飾北斎《かつしかほくさい》によって描《えが》かれた『龍図《りゅうず》』（1844年）。こちらも3本指《ぼんゆび》。

神《かみ》にもなる日本《にほん》の龍《りゅう》

大蛇以外《だいじゃいがい》にも龍《りゅう》に昇進《しょうしん》するものがいる。江戸時代《えどじだい》の奇談集《きだんしゅう》『絵本百物語《えほんひゃくものがたり》』によると、深《ふか》い山奥《やまおく》にせい息《そく》しているほら貝《がい》が、山《やま》に三千年《さんぜんねん》、さらに里《さと》に三千年《さんぜんねん》、最後《さいご》は海《うみ》に三千年《さんぜんねん》住《す》んだ結果《けっか》、龍《りゅう》に化身《けしん》すると書《か》かれている（→11ページ）。

日本《にほん》に古《ふる》くからいる龍神《りゅうじん》は、水神《すいじん》として信《しん》こうされ、雨《あめ》をふらせ、日照《ひで》りを止《と》める役割《やくわり》を果《は》たすこともある。そのため、水天宮《すいてんぐう》に龍《りゅう》がまつられている場合《ばあい》も多《おお》い。

竹原春泉画《たけはらしゅんせんが》『絵本百物語《えほんひゃくものがたり》』に登場《とうじょう》する、ほら貝《がい》が龍《りゅう》になった出世《しゅっせ》ぼら。

箱根《はこね》にある九頭龍神社《くずりゅうじんじゃ》の龍《りゅう》神水《じんすい》。9つの首《くび》を持《も》つ龍神《りゅうじん》を祭《まつ》っている。

Battle《バトル》

25 → 32

3回戦《かいせん》

空《そら》を舞《ま》う白《しろ》い天使《てんし》 VS.海《うみ》を支配《しはい》する大《おお》いなる悪意《あくい》

DATA

分類《ぶんるい》 昆虫《こんちゅう》（妖怪《ようかい》）
地域《ちいき》 養蚕《ようさん》が盛《さか》んな地域《ちいき》
時代《じだい》 20世紀《せいき》
武器《ぶき》 体当《たいあ》たり、糸《いと》

生《い》きるものをことごとく糸《いと》でしばる

ユキヨシさま

ビースト軍《ぐん》

1回戦《かいせん》では巨大幼虫《きょだいようちゅう》として戦《たたか》い、出世《しゅっせ》ぼらを撃破《げきは》。2回戦《かいせん》では、小《ち い》さな幼虫軍団《ようちゅうぐんだん》に分《ぶん》れつして戦《たたか》い、強敵《きょうてき》・五頭龍《ごずりゅう》をたおした。最初《さいしょ》は幼虫《ようちゅう》であったユキヨシさまは、前回《ぜんかい》さなぎとなって、現在《げんざい》は成虫《せいちゅう》に成長《せいちょう》しており、新《あら》たな戦《たたか》い方《かた》を見《み》せてくれそうだ。

▲**体長《たいちょう》** 数十《すうじゅう》m《メートル》
形態《けいたい》 蛇《へび》、王冠《おうかん》・剣《けん》・杖《つえ》を持《も》つ

▲**体長《たいちょう》** 3～4m《メートル》
形態《けいたい》 カイコに似《に》ている

巨大《きょだい》な悪意《あくい》のかたまり

リヴァイアサン

DATA

分類《ぶんるい》 悪魔《あくま》
地域《ちいき》 海《うみ》
時代《じだい》 太古《たいこ》から
武器《ぶき》 巨大《きょだい》な体《からだ》を使《つか》った攻撃《こうげき》、剣《けん》、杖《つえ》

ドラゴン軍《ぐん》

戦力分析《せんりょくぶんせき》

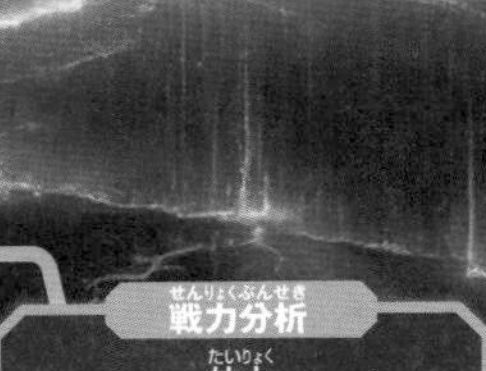

もともとは旧約聖書《きゅうやくせいしょ》に記《しる》されている海《うみ》にすむ怪物《かいぶつ》で、龍《りゅう》や蛇《へび》のような姿《すがた》をしていたといわれる。しかし、いつしか大勢《おおぜい》の人《ひと》で構成《こうせい》された、巨大《きょだい》な悪意《あくい》のかたまり（悪魔《あくま》）とも考《かんが》えられるようになった。頭《あたま》には王冠《おうかん》、右手《みぎて》には剣《けん》、左手《ひだりて》には賢者《けんじゃ》の印《しるし》である杖《つえ》をついている。

太平洋《たいへいよう》・パプアニューギニアの島《しま》

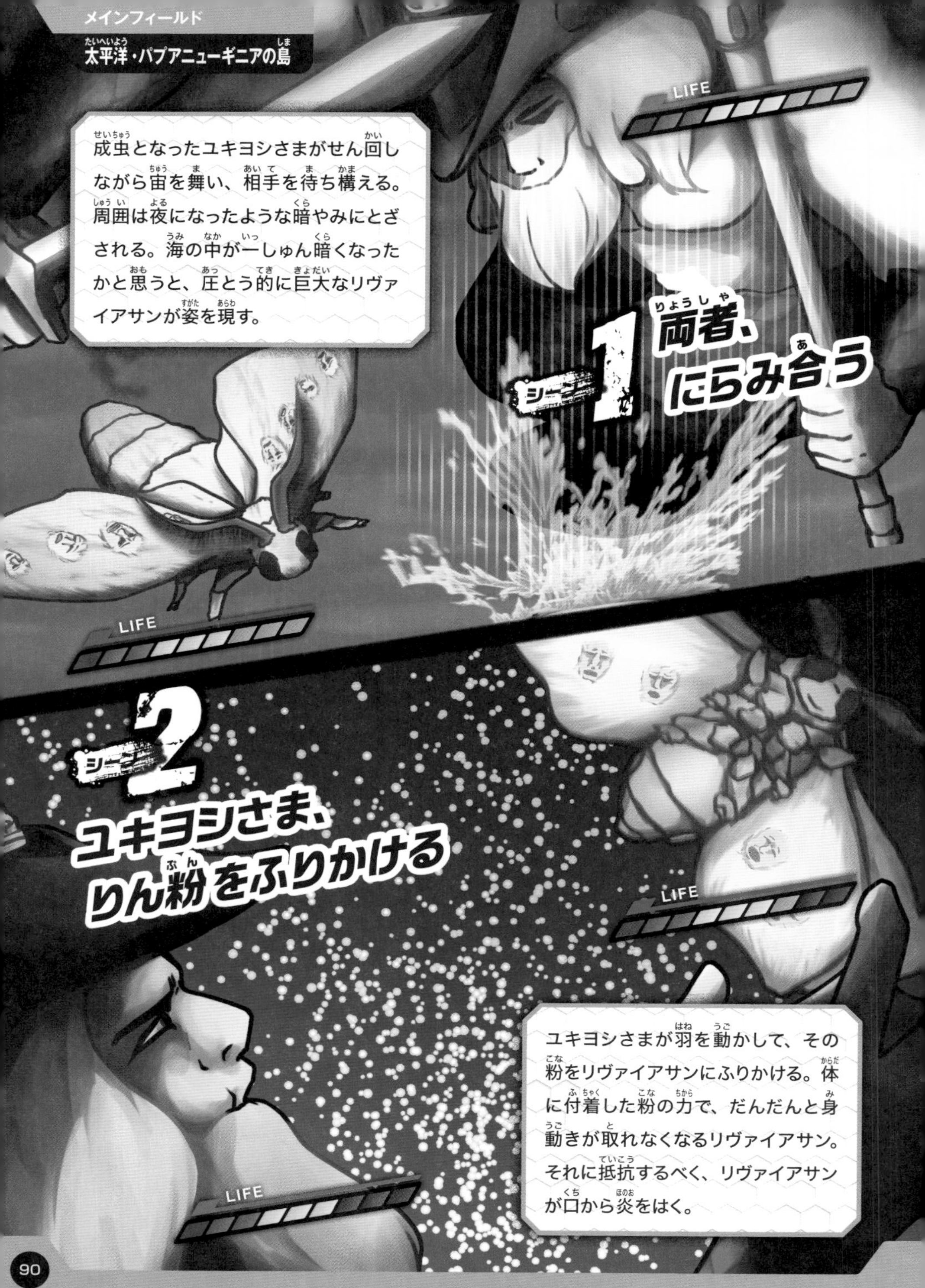

成虫《せいちゅう》となったユキヨシさまがせん回《かい》しながら宙《ちゅう》を舞《ま》い、相手《あいて》を待《ま》ち構《かま》える。周囲《しゅうい》は夜《よる》になったような暗《くら》やみにとざされる。海《うみ》の中《なか》が一《いっ》しゅん暗《くら》くなったかと思《おも》うと、圧《あっ》とう的《てき》に巨大《きょだい》なリヴァイアサンが姿《すがた》を現《あらわ》す。

シーン1 両者《りょうしゃ》、にらみ合《あ》う

シーン2 ユキヨシさま、りん粉《ぷん》をふりかける

ユキヨシさまが羽《はね》を動《うご》かして、その粉《こな》をリヴァイアサンにふりかける。体《からだ》に付着《ふちゃく》した粉《こな》の力《ちから》で、だんだんと身《み》動《うご》きが取《と》れなくなるリヴァイアサン。それに抵抗《ていこう》するべく、リヴァイアサンが口《くち》から炎《ほのお》をはく。

シーン 3

ユキヨシさま、羽《はね》で風《かぜ》を起《お》こす

Winner!

勝者《しょうしゃ》 ビースト軍《ぐん》 ユキヨシさま

ユキヨシさまは羽《はね》で風《かぜ》を起《お》こし、リヴァイアサンの炎《ほのお》をはね返《かえ》す。その炎《ほのお》が、りん粉《ぶん》に引火《いんか》して大《おお》きく燃《も》えあがる。炎《ほのお》に包《つつ》まれたリヴァイアサンが、奇声《きせい》をあげながらくずれ落《お》ちる。宙《ちゅう》で勝利《しょうり》の舞《まい》をおどるユキヨシさま。

バトル結果《けっか》

蛾《が》の形態《けいたい》に変態《へんたい》をとげたユキヨシさまは、羽《はね》とりん粉《ふん》によって、相手《あいて》のパワーを利用《りよう》する作戦《さくせん》で、最強《さいきょう》の生命体《せいめいたい》の一《ひと》つに数《かぞ》えられるリヴァイアサンをたおす大金星《だいきんぼし》をあげた。

Battle 26
第3回戦

軟体動物《なんたいどうぶつ》の柔軟《じゅうなん》さ VS.全《すべ》てを破壊《はかい》する超《ちょう》パワー

狂乱《きょうらん》の貴公子《きこうし》

ミニョコン

DATA

分類《ぶんるい》 ミミズ（UMA《ユーマ》）
地域《ちいき》 ブラジル
時代《じだい》 18世紀《せいき》から
武器《ぶき》 無制限《むせいげん》にのびる体《からだ》、硬《かた》い皮《ひ》ふ、再生能力《さいせいのうりょく》

ビースト軍《ぐん》

前《ぜんかい》回の雲《くも》の巨人《きょじん》との戦《たたか》いで、再生《さいせい》＆分《ぶん》れつで増《ふ》えたミニョコンの群《む》れが合体《がったい》し、巨大《きょだい》ミニョコンに成長《せいちょう》をとげた。全長《ぜんちょう》はおよそ90ｍ《メートル》になって、パワーアップしている。巨大《きょだい》で柔軟性《じゅうなんせい》のある体《からだ》は、通常《つうじょう》の敵《てき》の攻撃《こうげき》ははじき返《かえ》してしまう。

体長《たいちょう》 2ｍ《メートル》40ｃｍ《センチメートル》
形態《けいたい》 さまざまな人間《にんげん》の部位《ぶい》を集《あつ》めて合成《ごうせい》▼

▲**体長《たいちょう》** 胴回《どうまわ》り6ｍ《メートル》、全長《ぜんちょう》は90ｍ《メートル》
形態《けいたい》 巨大《きょだい》なミミズのような姿《すがた》

初代人造人間《しょだいじんぞうにんげん》

フランケンシュタイン

DATA

分類《ぶんるい》 人工生物《じんこうせいぶつ》（怪物《かいぶつ》）
地域《ちいき》 ヨーロッパ
時代《じだい》 19世紀《せいき》
武器《ぶき》 ものすごい怪力《かいりき》、電《でん》気《き》でパワーアップ形態《けいたい》に

戦力分析《せんりょくぶんせき》

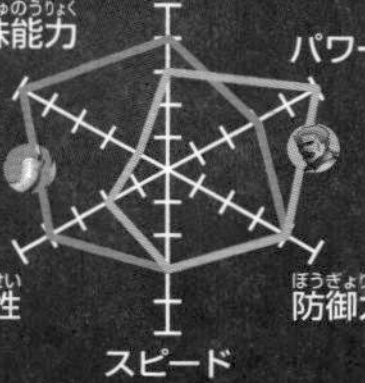

ビースト軍《ぐん》

フランケンシュタイン博士《はかせ》によって、創《つく》られた人造《じんぞう》生物《せいぶつ》である。頭《あたま》の良《い》い人《ひと》の頭脳《ずのう》、うでの力《ちから》の強《つよ》い人《ひと》のうで、足《あし》の力《ちから》の強《つよ》い人《ひと》の足《あし》を持《も》っており、判断《はんだん》力《りょく》や身体能力《しんたいのうりょく》はずばぬけている。精神的《せいしんてき》にせん細《さい》なところがあり、それが弱点《じゃくてん》といえる。

シーン1 ミニョコン、攻撃《こうげき》をはじき返《かえ》す！

フランケンシュタインが先制攻撃《せんせいこうげき》。左右《さゆう》のパンチがミニョコンにさくれつするが、軟体《なんたい》動物《どうぶつ》のミニョコンには、全《まった》く効《き》かない。それどころか、ミニョコンは、体《からだ》をムチのようにしならせると、フランケンシュタインのボディを激《はげ》しくたたく。

シーン2 フランケンシュタイン、おそるべき超《ちょう》パワー

打《う》ちのめされてフラフラになるフランケンシュタイン。そこへ雷《かみなり》が落《お》ちる。電撃《でんげき》によってパワーアップしたフランケンシュタインは、ものすごいパワーでミニョコンをわしづかみにして引《ひ》きちぎる。簡単《かんたん》には再生《さいせい》できないほどに、バラバラになるミニョコン。

シー 3 ミニョコン、体内《たいない》にせん入《にゅう》して…

勝利《しょうり》を確信《かくしん》したフランケンシュタイン。だが小《ちい》さくなったミニョコンは、小《ちい》さい個体《こたい》のままの状態《じょうたい》で、フランケンシュタインの体《からだ》じゅうの穴《あな》にもぐりこむ。悲鳴《ひめい》をあげるフランケンシュタイン。最後《さいご》は、全身《ぜんしん》の穴《あな》からミニョコンが飛《と》び出《で》てフランケンシュタインは絶命《ぜつめい》する。

Winner!

勝者《しょうしゃ》 ビースト軍《ぐん》 ミニョコン

バトル結果《けっか》

うねうねした小《ちい》さな生物《せいぶつ》が体《からだ》に入《はい》りこんできたことで、せん細《さい》なフランケンシュタインは戦意《せんい》そう失《しつ》してしまった。引《ひ》きさかれてもあきらめなかったミニョコンの逆転勝利《ぎゃくてんしょうり》。

敵《てき》を吸収《きゅうしゅう》するおぞましき魔物《まもの》 VS.平和《へいわ》を愛《あい》する神《かみ》

DATA

分類《ぶんるい》 蛇《へび》（妖怪《ようかい》）
地域《ちいき》 高知県《こうちけん》
時代《じだい》 神話時代《しんわじだい》から
武器《ぶき》 吸収《きゅうしゅう》、人間《にんげん》の頭《あたま》（コブ）攻撃《こうげき》

吸収《きゅうしゅう》した相手《あいて》の能力《のうりょく》をうばう

八頭《やつがしら》

ドラゴン軍《ぐん》

初《しょ》戦《せん》では南米《なんべい》の狼男《おおかみおとこ》・ロビソンをたおし、2回戦《かいせん》では電磁波《でんじは》の生命体《せいめいたい》・スペースクリッターを撃《げき》破《は》し、3回戦《かいせん》に進出《しんしゅつ》。たおした敵《てき》の能力《のうりょく》を吸収《きゅうしゅう》してパワーアップできる八頭《やつがしら》は、スペースクリッターの能力《のうりょく》を吸収《きゅうしゅう》し、何《なに》やら新《あら》たな能力《のうりょく》を得《え》たようだ。

体長《たいちょう》 数十《すうじゅう》m《メートル》
形態《けいたい》 ヘビに羽《はね》が生《は》えた姿《すがた》▼

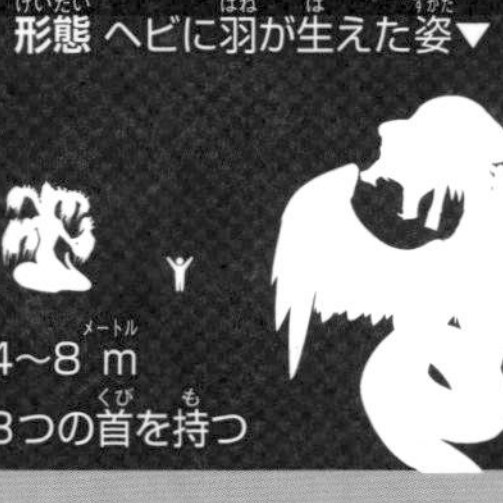

▲**体長《たいちょう》** 4~8 m《メートル》
形態《けいたい》 8つの首《くび》を持《も》つ

いけにえを好《この》まない平和《へいわ》の神《かみ》

ケツァルコアトル

DATA

分類《ぶんるい》 神《かみ》
地域《ちいき》 アステカ
(古代《こだい》メキシコ)
時代《じだい》 太古《たいこ》から
武器《ぶき》 たぐいまれな飛行能力《ひこうのうりょく》

戦力分析《せんりょくぶんせき》

ドラゴン軍《ぐん》

アステカ(古代《こだい》メキシコ)の農耕神《のうこうしん》であり、基本的《きほんてき》には平和的《へいわてき》な神《かみ》である。しかし、風《かぜ》や雨《あめ》を操《あやつ》るなど、戦闘能力《せんとうのうりょく》は極《きわ》めて高《たか》い。ただし、もともとの性格《せいかく》は温厚《おんこう》なため戦闘向《せんとうむ》きではなく、その部分《ぶぶん》がゆい一《いつ》の心配《しんぱい》の種《たね》である。

シーン1 ケツァルコアトル、空《そら》から足爪《あしづめ》でおそう

八頭《やつがしら》が上空《じょうくう》をにらんでいる。空《そら》にとどまり、しばらく相手《あいて》の様子《ようす》を見《み》ていたケツァルコアトルが、翼《つばさ》をはためかせて仕《し》かけてくる。強力《きょうりょく》な足爪《あしづめ》で、八頭《やつがしら》を二度三度《にどさんど》とねらうケツァルコアトル。

ケツァルコアトルの激《はげ》しい攻撃《こうげき》に、何度《なんど》も吹《ふ》っ飛《と》ばされた八頭《やつがしら》は、8つの首《くび》を切《き》りはなし、上空《じょうくう》へ飛《と》ばす。八頭《やつがしら》の新必殺技《しんひっさつわざ》である、8つの首《くび》の遠《えん》かく攻撃《こうげき》に、切《き》り刻《きざ》まれるケツァルコアトル。全身《ぜんしん》をかまれ、右羽《みぎはね》が落《お》ちそうになりながら、地上《ちじょう》に落下《らっか》していく。

シーン2 八頭《やつがしら》、首《くび》を切《き》りはなして攻撃《こうげき》

ケツァルコアトルは、落下《らっか》のいきおいを利用《りよう》し、八頭《やつがしら》に向《む》かっていく。ケツァルコアトルの尻《しっ》尾《ぽ》が、八頭《やつがしら》の首《くび》の断面《だんめん》につき刺《さ》さる。しかし、それと同時《どうじ》に、八頭《やつがしら》の尻尾《しっぽ》が、ケツァルコアトルの心臓《しんぞう》をつきさしていた。

Winner!

勝者《しょうしゃ》 ドラゴン軍《ぐん》 八頭《やつがしら》

シー 3

両者《りょうしゃ》、尻尾《しっぽ》でとどめをさしにいく

バトル結果《けっか》

両者相打《りょうしゃあいう》ちと思《おも》われる激《げき》戦《せん》であったが、八頭《やつがしら》の攻《こう》撃《げき》が一《いっ》しゅん早《はや》く、相手《あいて》の心臓《しんぞう》にとう達《たつ》していた。紙一重《かみひとえ》の勝利《しょうり》である。八《やっ》頭《がしら》は、ケツァルコアトルの能力《のうりょく》も吸収《きゅうしゅう》した。

龍界《りゅうかい》ナンバーワンの策士《さくし》 VS.ビッグフット界最高《かいさいこう》のIQ《アイキュー》

雨《あめ》を自在《じざい》に操《あやつ》る魔法使《まほうつか》い
応龍《おうりゅう》

DATA

分類《ぶんるい》 龍《りゅう》（怪物《かいぶつ》）
地域《ちいき》 中国《ちゅうごく》
時代《じだい》 太古《たいこ》から
武器《ぶき》 雨粒《あまつぶ》を自由自在《じゆうじざい》に操《あやつ》る

ドラゴン軍《ぐん》

初戦《しょせん》では、サルトラヘビを洪水《こうずい》で流《なが》して勝利《しょうり》。2回《かい》戦《せん》では不死身《ふじみ》のヒュドラを氷漬《こおりづ》けにして戦闘不《せんとうふ》能《のう》にしている。頭《あたま》を使《つか》ったたくみな戦略《せんりゃく》で勝《か》ちぬいてきた。次《つぎ》なる相手《あいて》ビッグフィンガーは、たくえつしたIQ《アイキュー》を持《も》つ戦略家《せんりゃくか》だ。相手《あいて》の策略《さくりゃく》を打《う》ち破《やぶ》れるかどうかが勝利《しょうり》のカギとなる。

体長《たいちょう》 約《やく》2m《メートル》
形態《けいたい》 人型《ひとがた》、指《ゆび》が長《なが》い▼

▲**体長《たいちょう》** 20～数百《すうひゃく》m《メートル》
形態《けいたい》 翼《つばさ》の生《は》えた龍《りゅう》

ビッグフット界《かい》のインテリモンスター

ビッグフィンガー

DATA

分類《ぶんるい》 猿人《えんじん》（UMA《ユーマ》）
地域《ちいき》 北米大陸《ほくべいたいりく》
時代《じだい》 19世紀《せいき》〜
武器《ぶき》 長《なが》い指《ゆび》を器用《きよう》に使《つか》う

戦力分析《せんりょくぶんせき》

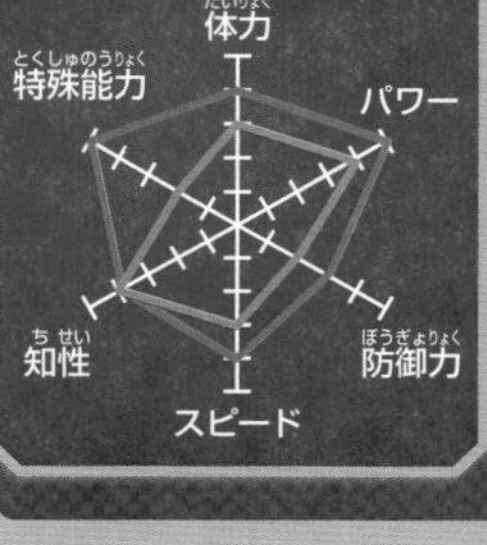

ビースト軍《ぐん》

ビッグフットの亜種《あしゅ》であり、足《あし》が大《おお》きい猿人《えんじん》をビッグフットと呼《よ》ぶが、この種類《しゅるい》は特《とく》に指《ゆび》が長《なが》いのでビッグフィンガーと呼《よ》ばれる。長《なが》い指先《ゆびさき》が特《とく》ちょうで、その長《なが》さはチンパンジーの約《やく》３倍《ばい》ある。ビッグフットの中《なか》では、かなり頭《あたま》がいいのが持《も》ち味《あじ》だ。

シーン1
ビッグフィンガー、ハープでほんろうする

メキシコ湾《わん》に、きれいな音楽《おんがく》が流《なが》れている。がけの上《うえ》で、見事《みごと》なハープの演奏《えんそう》をしているのはビッグフィンガーだ。飛《と》んできた応龍《おうりゅう》もその音楽《おんがく》にうっとりし、ヘロヘロになっている。

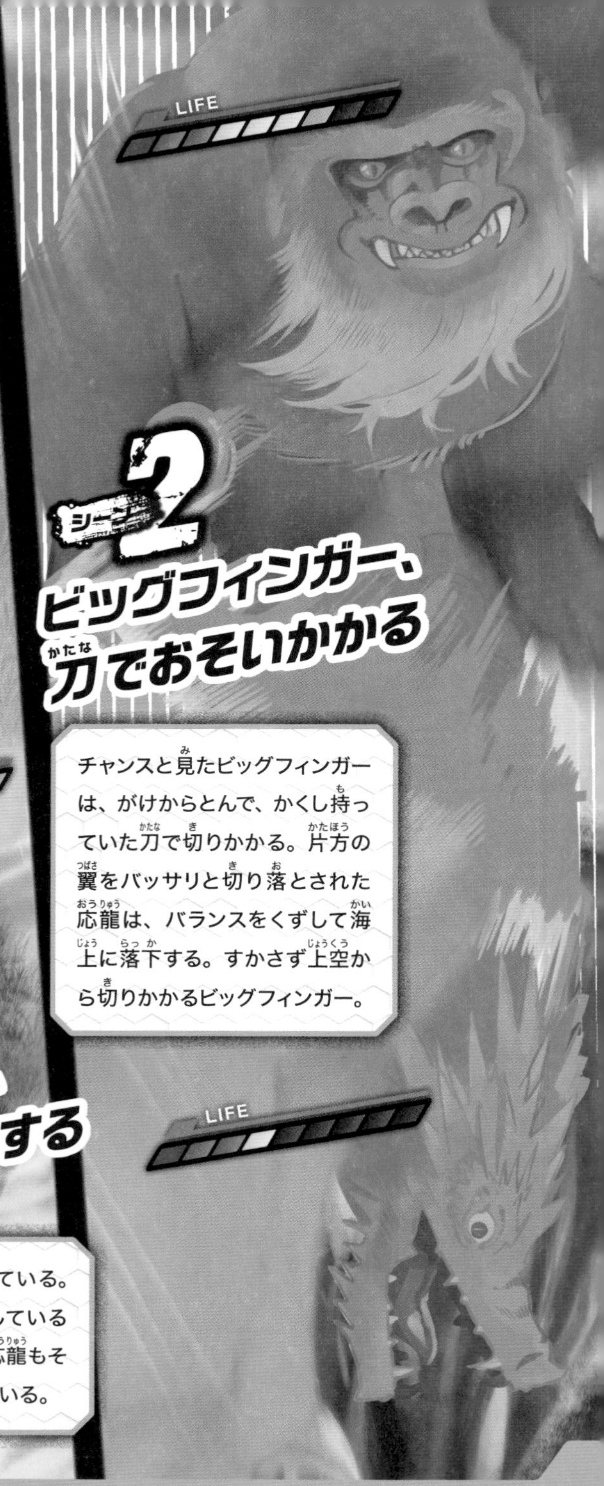

シーン2
ビッグフィンガー、刀《かたな》でおそいかかる

チャンスと見《み》たビッグフィンガーは、がけからとんで、かくし持《も》っていた刀《かたな》で切《き》りかかる。片方《かたほう》の翼《つばさ》をバッサリと切《き》り落《お》とされた応龍《おうりゅう》は、バランスをくずして海上《かいじょう》に落下《らっか》する。すかさず上空《じょうくう》から切《き》りかかるビッグフィンガー。

シーン3

両者《りょうしゃ》、激《はげ》しい空中戦《くうちゅうせん》の結果《けっか》は…

Winner!

勝者《しょうしゃ》 ドラゴン軍《ぐん》 **応龍《おうりゅう》**

もつれ合《あ》ったまま、落下《らっか》する両者《りょうしゃ》。刀《かたな》でしつこく相手《あいて》に切《き》りつけるビッグフィンガー。同時《どうじ》に、口《くち》から火《ひ》をふいた応龍《おうりゅう》。あと数《すう》センチで相手《あいて》にとどめをさせるところで、ビッグフィンガーは炎《ほのお》に包《つつ》まれ、そのままぐったりとして海《うみ》の中《なか》に落下《らっか》した。

バトル結果《けっか》

ビッグフィンガーのたくみな作戦《さくせん》にほんろうされ、追《お》いこまれた応龍《おうりゅう》であったが、最後《さいご》はスピード勝《しょう》負《ぶ》となり、わずか 0.1 秒《びょう》の差《さ》で、応龍《おうりゅう》の攻撃《こうげき》がヒットして打《う》ち勝《か》った。

制《せい》ぎょ不能《ふのう》なオフロードダンプ VS.アクセル全開《ぜんかい》の暴走《ぼうそう》ダンプカー

DATA

分類《ぶんるい》 巨人《きょじん》（怪物《かいぶつ》）
地域《ちいき》 ギリシャ
時代《じだい》 太古《たいこ》から
武器《ぶき》 手《て》に武器《ぶき》を持《も》って暴《あば》れる

一《ひと》つ目《め》の怪力巨人《かいりききょじん》

サイクロプス

ビースト軍《ぐん》

初戦《しょせん》では素早《すばや》いメタルドラゴンを冷静《れいせい》な判断力《はんだんりょく》で撃退《げきたい》し、2回戦《かいせん》では虹《にじ》の大蛇《だいじゃ》を一《ひと》つ目《め》の太陽《たいよう》光反射《こうはんしゃ》ですきを作《つく》ってたおした。次《つぎ》のオークとの一戦《いっせん》は、ブレーキのこわれたダンプカー同士《どうし》で、パワーとパワーが正面《しょうめん》しょうとつするような対決《たいけつ》だ。

体長《たいちょう》 2m《メートル》以上《いじょう》
形態《けいたい》 緑色《みどりいろ》の体《からだ》の巨人《きょじん》▼

▲**体長《たいちょう》** 3~7 m《メートル》
形態《けいたい》 目《め》が1つの巨人《きょじん》

悪魔《あくま》の忠実《ちゅうじつ》なしもべ

オーク

DATA

分類《ぶんるい》 巨人《きょじん》（怪物《かいぶつ》）
地域《ちいき》 ヨーロッパを中心《ちゅうしん》に世界中《せかいじゅう》
時代《じだい》 神話時代《しんわじだい》から
武器《ぶき》 ものすごい怪力《かいりき》

ビースト軍《ぐん》

戦力分析《せんりょくぶんせき》

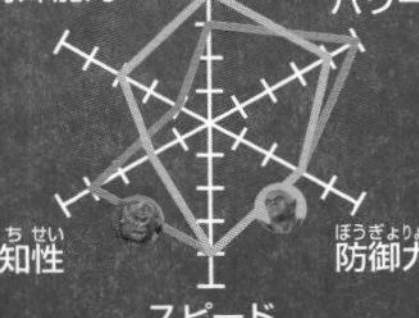

さまざまなファンタジー系《けい》の物語《ものがたり》に登場《とうじょう》する、悪魔《あくま》やまがまがしい者《もの》の部下《ぶか》になって人間《にんげん》を苦《くる》しめる怪物《かいぶつ》。人型《ひとがた》のがんじょうな体《からだ》を持《も》ち、破《は》かい活動《かつどう》や力比《ちからくら》べを好《この》む。知能《ちのう》はあるが鈍感《どんかん》。変《へん》に真面目《まじめ》なところがあり、ちがった意味《いみ》で正々堂々《せいせいどうどう》としている。

シーン1 両者《りょうしゃ》、がっちりと組《く》み合《あ》う

原野《げんや》において、はなれて向《む》かい合《あ》う両《りょう》者《しゃ》。サイクロプスとオークが同時《どうじ》に走《はし》り出《だ》す。真正面《ましょうめん》からがっちりと組《く》み合《あ》う。サイクロプスは前回《ぜんかい》の試合《しあい》で右足《みぎあし》を痛《いた》めており、若干動《じゃっかんうご》きがにぶい。

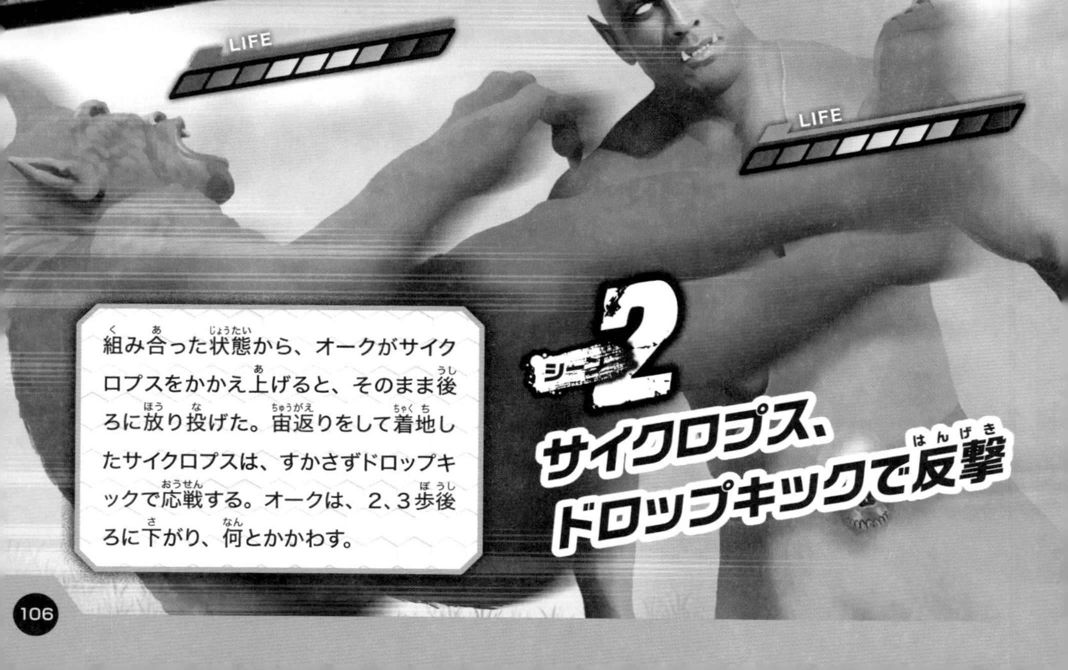

シーン2 サイクロプス、ドロップキックで反撃《はんげき》

組《く》み合《あ》った状態《じょうたい》から、オークがサイクロプスをかかえ上《あ》げると、そのまま後《うし》ろに放《ほう》り投《な》げた。宙返《ちゅうがえ》りをして着地《ちゃくち》したサイクロプスは、すかさずドロップキックで応戦《おうせん》する。オークは、2、3歩《ぽ》後《うし》ろに下《さ》がり、何《なん》とかかわす。

シーン3 オーク、かかえ上《あ》げて投《な》げ捨《す》てる

Winner!

勝者《しょうしゃ》 ビースト軍《ぐん》 オーク

オークは、今度《こんど》はサイクロプスの脇《わき》の下《した》に頭《あたま》を入《い》れ、もう一度後《いちどうし》ろに投《な》げ捨《す》てる。投《な》げ飛《と》ばされたサイクロプスは何《なん》とか着地《ちゃくち》し、すかさずラリアートで反撃《はんげき》しようとするが、顔《かお》をゆがめ右足《みぎあし》をおさえてうずくまる。もう戦《たたか》えないと考《かんが》えたサイクロプスは、「彼《かれ》は私《わたし》の足《あし》のケガを攻《せ》めなかった。彼《かれ》こそ勝者《しょうしゃ》だ」。そう言《い》って、オークのうでをとり高《たか》くかかげた。

バトル結果《けっか》

今回《こんかい》の対戦《たいせん》では、おたがいの怪力《かいりき》で勝負《しょうぶ》するために、両者《りょうしゃ》ともに武器《ぶき》も使《つか》わずに、純すいに力《ちから》と力《ちから》でぶつかりあった。最後《さいご》は、両者《りょうしゃ》はゆっくりとあく手《しゅ》を交《かわ》して試合《しあい》が終《お》わった。

宇宙《うちゅう》からやってきたメカニック龍《りゅう》 vs. 日本列島《にほんれっとう》を守護《しゅご》する地龍《ちりゅう》

金属《きんぞく》の鋭利《えいり》な刃物《はもの》

ドラゴンスネイク

DATA

分類《ぶんるい》 ロボット（UMA《ユーマ》）
地域《ちいき》 ソロモン諸島《しょとう》
時代《じだい》 20世紀《せいき》から
武器《ぶき》 金属《きんぞく》のような高《たか》い音《おと》を出《だ》す

ドラゴン軍《ぐん》

1回戦《かいせん》、2回戦《かいせん》と、宇宙人《うちゅうじん》の技術《ぎじゅつ》によって作《つく》られたと思《おも》われるハイテクノロジーな攻撃《こうげき》を駆使《くし》して、危《あぶ》なげなく勝《か》ち進《すす》んできた。敵《てき》の戦闘《せんとう》スタイルに合《あ》わせて、ドラゴン形態《けいたい》と円盤形態《えんばんけいたい》を、臨機応変《りんきおうへん》に使《つか》い分《わ》けながら戦《たたか》うロボット龍《りゅう》だ。

体長《たいちょう》 10m《メートル》くらい?
形態《けいたい》 蛇《へび》の姿《すがた》（通常《つうじょう》は姿《すがた》が見《み》えない）▼

▲**体長《たいちょう》** 10〜20m《メートル》
形態《けいたい》 羽《はね》の生《は》えた龍《りゅう》

目《め》に見《み》えない水《みず》の化身《けしん》

護《まも》り龍《りゅう》

DATA

分類《ぶんるい》 龍《りゅう》（妖怪《ようかい》）
地域《ちいき》 中国《ちゅうごく》、日本《にほん》
時代《じだい》 太古《たいこ》から
武器《ぶき》 相手《あいて》を結界《けっかい》にさそいこむ

ドラゴン軍《ぐん》

戦力分析《せんりょくぶんせき》

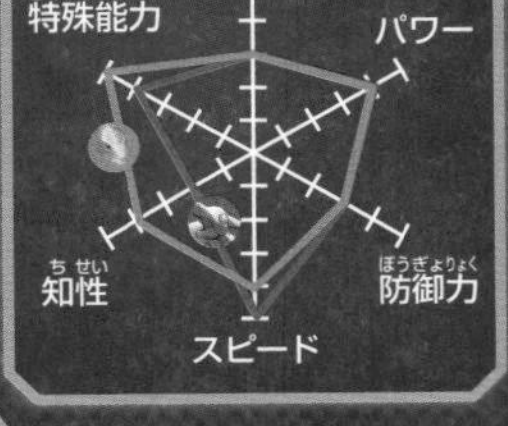

数《す》匹《うひき》の仲間《なかま》がいるとされ、太古《たいこ》の昔《むかし》から、日本列《にほんれっ》島《とう》を外敵《がいてき》から防《ふせ》ぐために張《は》られた結界《けっかい》を、仲間《なかま》と分担《ぶんたん》して守《まも》ってきた。彼《かれ》らは、水《みず》と地震《じしん》を自由《じゆう》にあやつることができ、結界《けっかい》に相手《あいて》をさそいこむことで動《うご》きをふうじる秘技《ひぎ》を持《も》っている。ときには暴走《ぼうそう》し、相《あい》手《て》を殺《ころ》してしまうこともある。

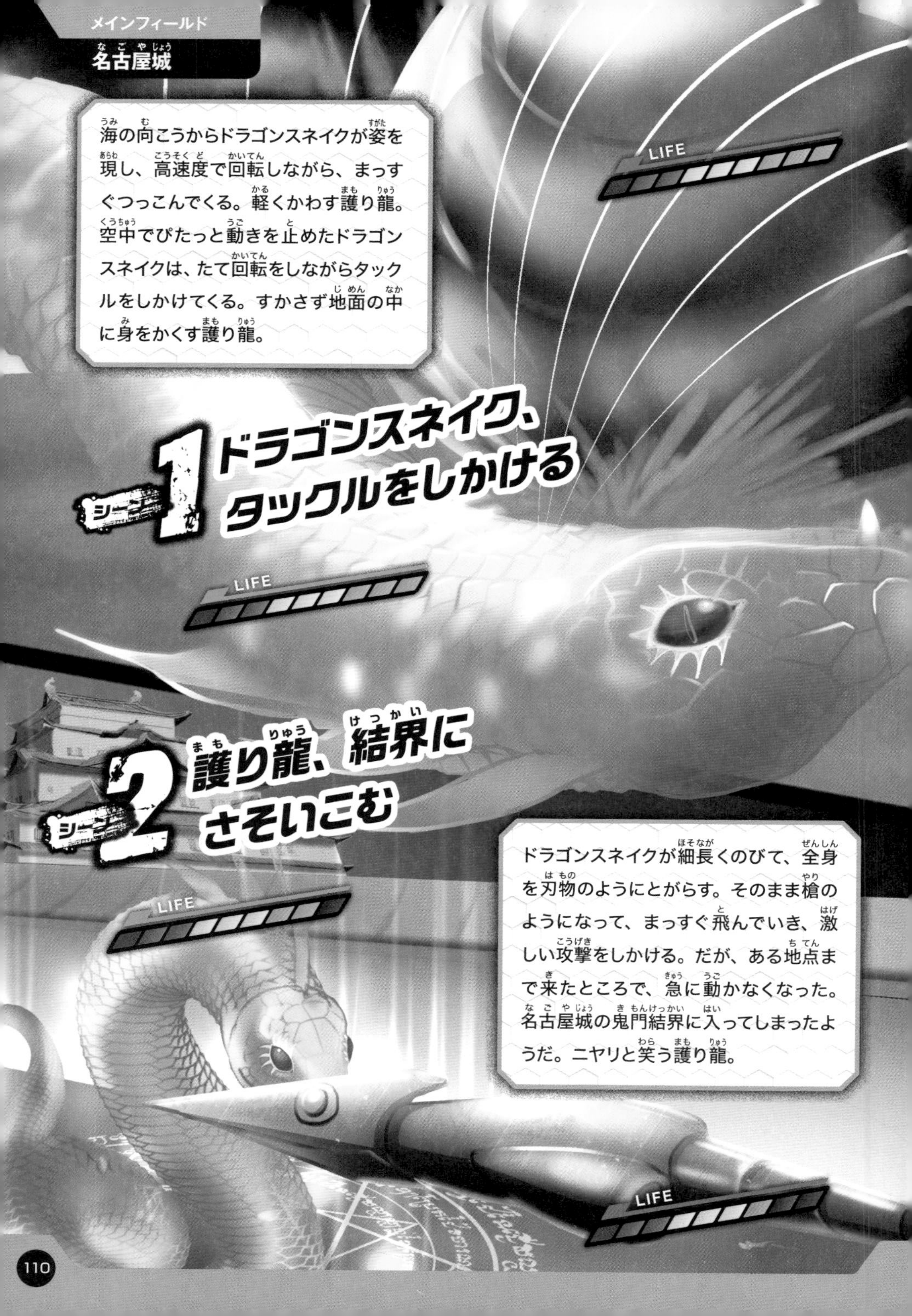

海《うみ》の向《む》こうからドラゴンスネイクが姿《すがた》を現《あらわ》し、高速度《こうそくど》で回転《かいてん》しながら、まっすぐつっこんでくる。軽《かる》くかわす護《まも》り龍《りゅう》。空中《くうちゅう》でぴたっと動《うご》きを止《と》めたドラゴンスネイクは、たて回転《かいてん》をしながらタックルをしかけてくる。すかさず地面《じめん》の中《なか》に身《み》をかくす護《まも》り龍《りゅう》。

シーン1 ドラゴンスネイク、タックルをしかける

シーン2 護《まも》り龍《りゅう》、結界《けっかい》にさそいこむ

ドラゴンスネイクが細長《ほそなが》くのびて、全身《ぜんしん》を刃物《はもの》のようにとがらす。そのまま槍《やり》のようになって、まっすぐ飛《と》んでいき、激《はげ》しい攻撃《こうげき》をしかける。だが、ある地点《ちてん》まで来《き》たところで、急《きゅう》に動《うご》かなくなった。名古屋城《なごやじょう》の鬼門結界《きもんけっかい》に入《はい》ってしまったようだ。ニヤリと笑《わら》う護《まも》り龍《りゅう》。

シーン3

ドラゴンスネイク、まさかの再始動《さいしどう》!?

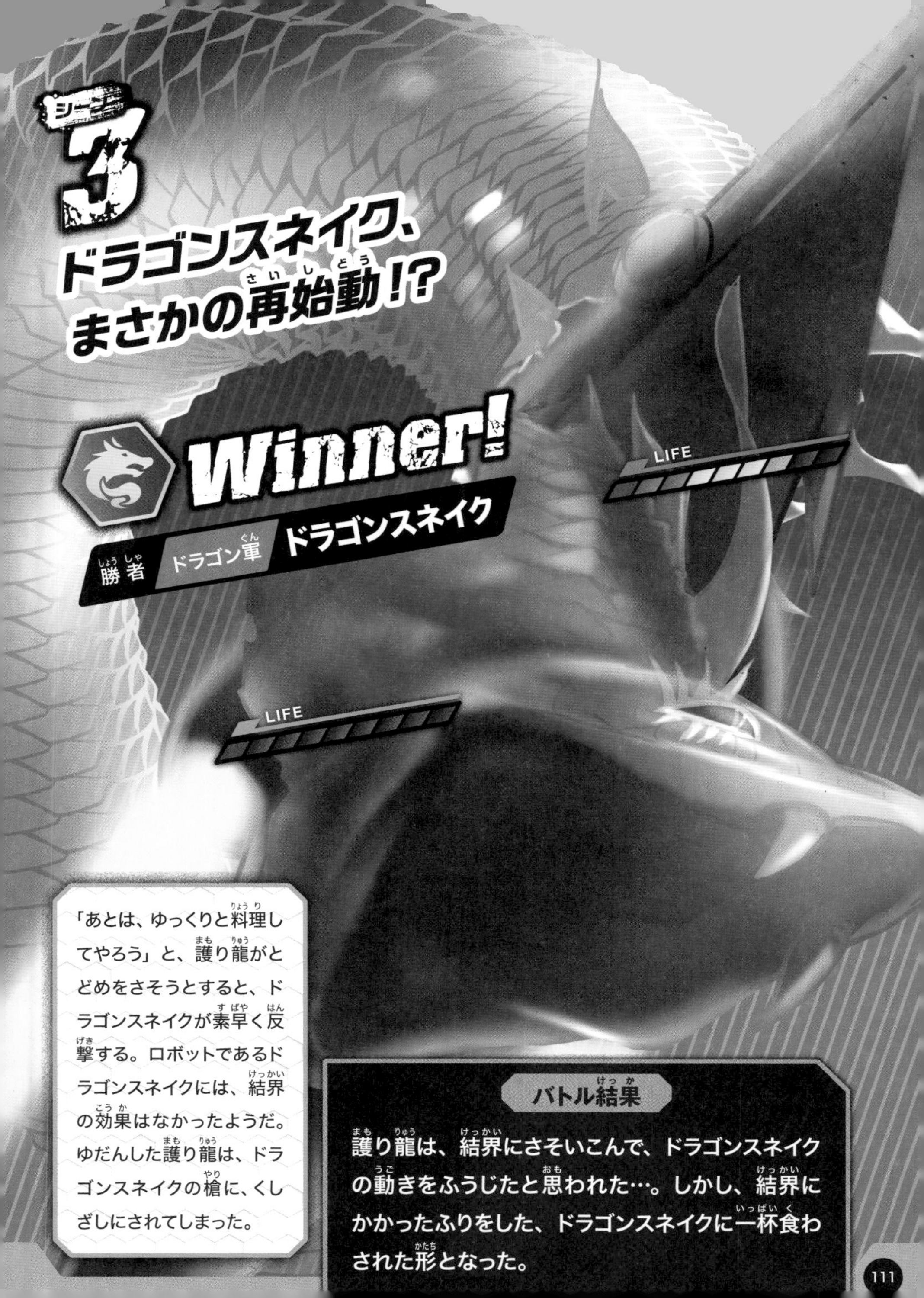

「あとは、ゆっくりと料理《りょうり》してやろう」と、護《まも》り龍《りゅう》がとどめをさそうとすると、ドラゴンスネイクが素早《すばや》く反撃《はんげき》する。ロボットであるドラゴンスネイクには、結界《けっかい》の効果《こうか》はなかったようだ。ゆだんした護《まも》り龍《りゅう》は、ドラゴンスネイクの槍《やり》に、くしざしにされてしまった。

バトル結果《けっか》

護《まも》り龍《りゅう》は、結界《けっかい》にさそいこんで、ドラゴンスネイクの動《うご》きをふうじたと思《おも》われた…。しかし、結界《けっかい》にかかったふりをした、ドラゴンスネイクに一杯食《いっぱいく》わされた形《かたち》となった。

猛毒《もうどく》の尻尾《しっぽ》 VS.獣《けもの》のするどい牙《きば》

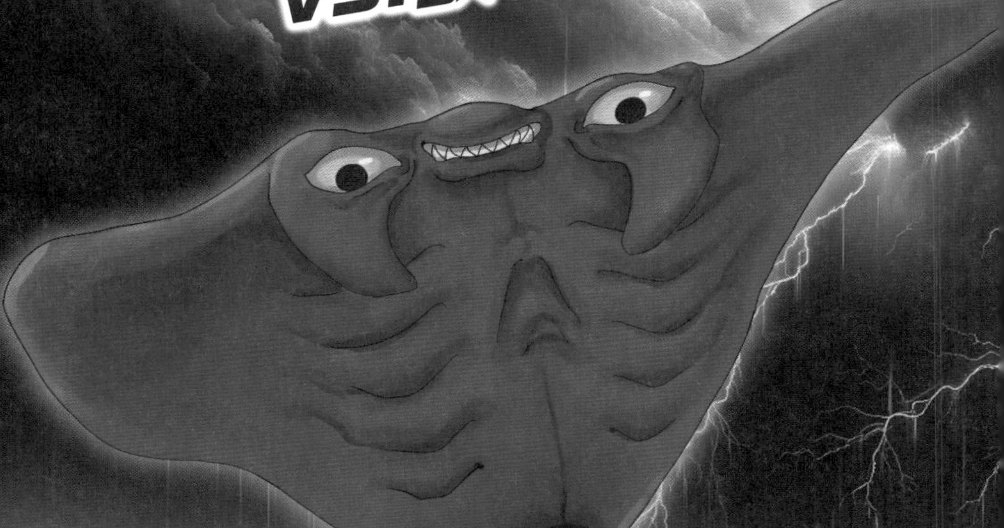

DATA

分類《ぶんるい》 クリッター（空中《くうちゅう》に生息《せいそく》するUMA《ユーマ》）の仲間《なかま》
地域《ちいき》 アメリカ、スペイン
時代《じだい》 21世紀《せいき》
武器《ぶき》 毒針《どくばり》

空飛《そらと》ぶ謎《なぞ》の生物《せいぶつ》

フライングマンタ

ビースト軍《ぐん》

肉眼《にくがん》では見《み》られない、透明《とうめい》な、浮遊《ふゆう》する謎《なぞ》の生命《せいめい》体《たい》。空中《くうちゅう》をさまよい相手《あいて》をほんろうしながら、強力《きょうりょく》な猛毒《もうどく》のある尻尾《しっぽ》を武器《ぶき》に、これまで敵《てき》を粉《ふん》さいしてきた。嗅覚《きゅうかく》がするどい狼男《おおかみおとこ》は、敵《てき》の居所《いどころ》を見《み》つけるのがうまく、最《もっと》も警《けい》かいするべき相手《あいて》といえそうだ。

体長《たいちょう》 1.8 m《メートル》くらい
形態《けいたい》 人間《にんげん》の体《からだ》にオオカミの頭《あたま》▼

▲**体長《たいちょう》** 1~3 m《メートル》
形態《けいたい》 海中《かいちゅう》のエイに似《に》ている

DATA

分類《ぶんるい》 半獣半人《はんじゅうはんじん》（怪物《かいぶつ》）
地域《ちいき》 ヨーロッパの都市部《としぶ》
時代《じだい》 ヨーロッパの中世《ちゅうせい》から
武器《ぶき》 オオカミの跳《ちょう》やく力《りょく》、オオカミのかみくだく力《ちから》

人間《にんげん》の知能《ちのう》を持《も》ったオオカミ

狼男《おおかみおとこ》

ビースト軍《ぐん》

戦力分析《せんりょくぶんせき》

中世《ちゅうせい》からヨーロッパに伝《つた》わるモンスター。ふだんは人間《にんげん》の姿《すがた》をしているが、満月《まんげつ》になると変身《へんしん》してしまう。鼻《はな》が利《き》くため、獲物《えもの》を狩《か》るのが得意《とくい》。非常《ひじょう》に凶暴《きょうぼう》な性格《せいかく》で、人間《にんげん》を見《み》るとむやみにかみつく。かまれた人間《にんげん》は狼男《おおかみおとこ》になってしまう。

1 狼男《おおかみおとこ》、見《み》えない敵《てき》を捕捉《ほそく》する

満月《まんげつ》が空《そら》に出《で》ている。エッフェル塔《とう》の頂上《ちょうじょう》でじっと空《そら》を見《み》つめる狼男《おおかみおとこ》。そこへ姿《すがた》の見《み》えないフライングマンタが飛来《ひらい》し、狼男《おおかみおとこ》の横《よこ》をすりぬける。そのしゅん間《かん》、一声高《ひとこえたか》くさけんだかと思《おも》うと、狼男《おおかみおとこ》がフライングマンタにとびのってがぶりとかみつく。

2 フライングマンタ、毒《どく》の尻尾《しっぽ》を突《つ》き刺《さ》す

狼男《おおかみおとこ》が、深《ふか》ぶかと牙《きば》をたてると、もん絶《ぜつ》するフライングマンタ。思《おも》わず反射的《はんしゃてき》に毒《どく》がふくまれている尻尾《しっぽ》を狼男《おおかみおとこ》につきたてた。猛毒《もうどく》に苦《くる》しむ狼男《おおかみおとこ》。

シー
3

つい落《らく》して地面《じめん》に激突《げきとつ》！勝敗《しょうはい》の行方《ゆくえ》は？

両者《りょうしゃ》もつれ合《あ》って落下《らっか》して、地面《じめん》に激突《げきとつ》する。両者共《りょうしゃとも》に大《おお》きなダメージを受《う》け、相打《あいう》ちかと思《おも》われたが、土《つち》けむりの中《なか》からフライングマンタが起《お》き上《あ》がった。

バトル結果《けっか》

狼男《おおかみおとこ》にかみつかれたフライングマンタだったが、特《とく》しゅな体質《たいしつ》のためか、狼男《おおかみおとこ》に変身《へんしん》することなく、自《みずか》らの凶暴性《きょうぼうせい》と生命力《せいめいりょく》を開花《かいか》させた。それによって、つい落《らく》にたえて生《い》き残《のこ》ったのだ。

野山《のやま》で育《そだ》った雑草《ざっそう》だましい VS.龍界《りゅうかい》のサラブレッド

知力《ちりょく》で戦《たたか》う獣人《じゅうじん》

藍婆《らんばば》

DATA

分類《ぶんるい》 サル（妖怪《ようかい》）
地域《ちいき》 広島県《ひろしまけん》・比婆山《ひばやま》
時代《じだい》 江戸時代《えどじだい》から
武器《ぶき》 ものすごい怪力《かいりき》

ビースト軍《ぐん》

初《しょ》戦《せん》では、相手《あいて》を森《もり》にさそいこんだ上《うえ》での頭脳《ずのう》作戦《さくせん》で見事《みごと》に突破《とっぱ》。2回戦《かいせん》では運《うん》にも味方《みかた》されて、火山《かざん》の火《ひ》の玉《たま》で相手《あいて》を撃破《げきは》した。人間《にんげん》なみの知《ち》能《のう》と、持《も》ち前《まえ》の怪力《かいりき》を活《い》かして、レジェンド龍神《りゅうじん》・善《ぜん》女龍王《にょりゅうおう》にいどむ。

体長《たいちょう》 人間《にんげん》と同《おな》じくらい
形態《けいたい》 人間型《にんげんがた》で背後《はいご》に龍神《りゅうじん》をともなう▼

▲**体長《たいちょう》** 1.7〜2ｍ近《メートルちか》く
形態《けいたい》 毛《け》だらけの獣人《じゅうじん》

DATA

分類《ぶんるい》 神《かみ》
地域《ちいき》 中国《ちゅうごく》、日本《にほん》
時代《じだい》 古代《こだい》から
武器《ぶき》 龍《りゅう》を自由《じゆう》に操《あやつ》る

世界最強《せかいさいきょう》のおじょうさん

善女龍王《ぜんにょりゅうおう》

ドラゴン軍《ぐん》

龍族《りゅうぞく》を代表《だいひょう》する八大龍王《はちだいりゅうおう》の一人《ひとり》、沙掲羅龍王《しゃがらりゅうおう》の三女《さんじょ》である。大海龍王《たいかいりゅうおう》とも呼《よ》ばれる沙掲羅龍王《しゃがらりゅうおう》の娘《むすめ》だけあり、善女龍王《ぜんにょりゅうおう》も大雨《おおあめ》を降《ふ》らせるなど、水《みず》に関連《かんれん》する能力《のうりょく》が特《とく》に優《すぐ》れている。その圧《あっ》とう的《てき》な強《つよ》さは、通常《つうじょう》の龍神《りゅうじん》では歯《は》が立《た》たないほどだ。

戦力分析《せんりょくぶんせき》

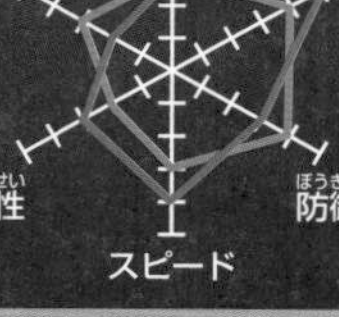

シーン1 藍婆《らんばば》、異臭《いしゅう》を放《はな》つ

比叡山《ひえいざん》にて待《ま》ち構《かま》える藍婆《らんばば》。辺《あた》りに異臭《いしゅう》をただよわせ、しまいには、かなりの悪臭《あくしゅう》がにおってくる。そこに、黒《くろ》い雲《くも》が近《ちか》づき、しだいに周《しゅう》囲《い》がうす暗《ぐら》くなってくる。黒雲《こくうん》の中《なか》から、一《ひと》すじの光《ひかり》がのびてくる。それは龍神《りゅうじん》であった。

シーン2 善女龍王《ぜんにょりゅうおう》、天《てん》から光《ひかり》の龍《りゅう》で攻撃《こうげき》！

ぐーんとのびた龍神《りゅうじん》の首《くび》が、ガブリと藍婆《らんばば》の腹《はら》を食《く》い破《やぶ》る。苦《くる》しさに、しゃがみこむ藍婆《らんばば》。さらに、龍神《りゅうじん》の連続攻撃《れんぞくこうげき》がおそい、ふきとばされて藍婆《らんばば》はたおれこむ。

フラフラになって立《た》ち上《あ》がろうとする藍婆《らんばば》。そこに、善女龍王《ぜんにょりゅうおう》のとどめの攻撃《こうげき》がおそう。藍婆《らんばば》は、龍神《りゅうじん》に首《くび》を食《く》いちぎられ、残《のこ》った体《からだ》はそのまま後《うし》ろにたおれこむ。善女龍王《ぜんにょりゅうおう》がよゆうで笑《わら》う。

Winner!

勝者《しょうしゃ》　ドラゴン軍《ぐん》　善女龍王《ぜんにょりゅうおう》

シーン3

善女龍王《ぜんにょりゅうおう》、こん身《しん》の一撃《いちげき》！

バトル結果《けっか》

悪臭《あくしゅう》を放《はな》つ藍婆《らんばば》に対《たい》して、善女龍王《ぜんにょりゅうおう》は近《ちか》づくことなく、雲《くも》の上《うえ》から龍神《りゅうじん》による遠《えん》かく攻撃《こうげき》を放《はな》ち続《つづ》けた。その圧《あっ》とう的《てき》なパワーを見《み》せつけられる勝負《しょうぶ》となった。

エキシビション
Exhibition
02

歴史書《れきししょ》に登場《とうじょう》する八《や》つ首《くび》の怪物《かいぶつ》 VS. 数《かず》かずの物語《ものがたり》で語《かた》りつがれる架空生物《かくうせいぶつ》

日本代表《にほんだいひょう》の最強《さいきょう》ドラゴン
八岐大蛇《やまたのおろち》

イギリス代表《だいひょう》の人食《ひとく》い怪物《かいぶつ》
ジャバウオック

DATA	
分類《ぶんるい》	龍《りゅう》（妖怪《ようかい》）
生息《せいそく》	日本《にほん》
時代《じだい》	太古《たいこ》から
武器《ぶき》	8つの首《くび》

DATA	
分類《ぶんるい》	架空生物《かくうせいぶつ》
生息《せいそく》	本《ほん》の中《なか》
時代《じだい》	19世紀《せいき》から
武器《ぶき》	かぎ爪《づめ》、牙《きば》

ドラゴン軍《ぐん》

ビースト軍《ぐん》

日《に》本《ほん》の歴史書《れきししょ》の『古事記《こじき》』や『日本書《にほんしょ》紀《き》』にも登場《とうじょう》する日本《にほん》を代表《だいひょう》する怪《かい》物《ぶつ》で、山《やま》をまたぐほどの巨体《きょたい》といわれている。8つの首《くび》がそれぞれに意思《いし》を持《も》って、変幻自在《へんげんじざい》な攻撃《こうげき》をすることができる。美女《びじょ》と酒《さけ》に目《め》がないところが欠点《けってん》だ。

児《じ》童小説《どうしょうせつ》の『鏡《かがみ》の国《くに》のアリス』に登場《とうじょう》する書物《しょもつ》の中《なか》に書《か》かれている生物《せいぶつ》。ふだんは森《もり》に生息《せいそく》し、燃《も》えるような赤《あか》い目《め》を持《も》ち、ゆらゆらと、ゆれるように歩《ある》いて移動《いどう》している。するどいかぎ爪《づめ》と牙《きば》を使《つか》って人《ひと》を食《く》らう、どん欲《よく》な怪物《かいぶつ》だ。

身長《しんちょう》 山《やま》よりも大《おお》きい▶
形態《けいたい》 8つの首《くび》と8つの尾《お》を持《も》つ

◀身長《しんちょう》 20m《メートル》
形態《けいたい》 赤《あか》い目《め》のゆらゆら歩《ある》く生物《せいぶつ》

バトル1 両者《りょうしゃ》、戦闘態勢《せんとうたいせい》で向《む》かい合《あ》う

古《ふる》い城《しろ》に置《お》かれた一冊《いっさつ》の本《ほん》からジャバウォックが現《あらわ》れる。20メートルを超《こ》える巨体《きょたい》で、舌《した》なめずりをしながら、城《しろ》にはりつくように待《ま》ち構《かま》える。やがて海《うみ》の向《む》こうが真《ま》っ暗《くら》になり、八岐大蛇《やまたのおろち》が、口《くち》からチロチロと炎《ほのお》をはきながら、ゆっくりと近《ちか》づいてくる。古城《こじょう》が小《ちい》さくしん動《どう》する。

バトル2 ジャバウォック、相手《あいて》の体《からだ》を食《た》べる！

ジャバウォックは素早《すばや》く相手《あいて》にはりつき、するどいかぎ爪《づめ》と牙《きば》を使《つか》って、八岐大蛇《やまたのおろち》をどんどん食《た》べていく。悲鳴《ひめい》がひびきわたり、八岐大蛇《やまたのおろち》の体《からだ》はどんどん小《ちい》さくなっていく。

バトル3 八岐大蛇《やまたのおろち》の体内《たいない》から剣《けん》が出現《しゅつげん》!?

体《からだ》をほぼ食《た》べつくされたと思《おも》われたとき、八岐大蛇《やまたのおろち》の体《からだ》の中《なか》に１本《ぽん》の小《ちい》さな剣《けん》が現《あらわ》れる。どうやら八岐大蛇《やまたのおろち》は体内《たいない》で剣《けん》を生成《せいせい》するようだ。その剣《けん》が発光《はっこう》し、ジャバウォックの体《からだ》はとけてしまった。

バトル結果《けっか》

八岐大蛇《やまたのおろち》の体《からだ》は、ほぼ食《た》べつくされてしまった。ジャバウォックも、八岐大蛇《やまたのおろち》の体内《たいない》の剣《けん》の力《ちから》でとけてしまった。両者《りょうしゃ》ともに消失《しょうしつ》したため、戦《たたか》いは引《ひ》き分《わ》けとなった。

Battle《バトル》

33 → 36

準々決勝《じゅんじゅんけっしょう》

空中散歩《くうちゅうさんぽ》の達人《たつじん》 VS.陸《りく》を支配《しはい》する巨大生物《きょだいせいぶつ》

生《い》きるものをことごとく糸《いと》でしばる

ユキヨシさま

DATA

分類《ぶんるい》 昆虫《こんちゅう》（妖怪《ようかい》）
地域《ちいき》 養蚕《ようさん》が盛《さか》んな地域《ちいき》
時代《じだい》 20世紀《せいき》
武器《ぶき》 体当《たいあ》たり、糸《いと》

体長《たいちょう》 3～4m《メートル》
形態《けいたい》 カイコに似《に》ている

ビースト軍《ぐん》

幼《よう》虫《ちゅう》から成虫《せいちゅう》へと成長《せいちょう》しながら、陸《りく》から空《そら》へと新《あら》たな技《わざ》や戦略《せんりゃく》に切《き》りかえて、敵《てき》を打《う》ちたおしてきた。成虫《せいちゅう》になり、羽《はね》によって風《かぜ》を起《お》こしたり、りん粉《ぷん》をまくことで敵《てき》を弱《よわ》らせたりできるようになった。陸《りく》を主戦場《しゅせんじょう》とする巨大《きょだい》ミミズと、どう戦《たたか》うかが見《み》ものだ。

狂乱《きょうらん》の貴公子《きこうし》

ミニョコン

DATA

分類《ぶんるい》 ミミズ（UMA《ユーマ》）
地域《ちいき》 ブラジル
時代《じだい》 18世紀《せいき》から
武器《ぶき》 無制限《むせいげん》にのびる体《からだ》、硬《かた》い皮《ひ》ふ、再生能力《さいせいのうりょく》

体長《たいちょう》 胴回《どうまわ》り6m《メートル》、全長《ぜんちょう》は90m《メートル》
形態《けいたい》 巨大《きょだい》なミミズのような姿《すがた》

ビースト軍《ぐん》

3回戦《かいせん》では、超《ちょう》パワーをほこるフランケンシュタインとの戦《たたか》いで、バラバラに引《ひ》きさかれながらも、かろうじて勝利《しょうり》した。現在《げんざい》は、再《ふたた》び合体《がったい》して巨大《きょだい》な体《からだ》となっている。空《そら》を自由《じゆう》に舞《ま》うユキヨシさまを、陸《りく》にいかに引《ひ》きずりこむかが、ポイントとなりそうだ。

戦力分析《せんりょくぶんせき》

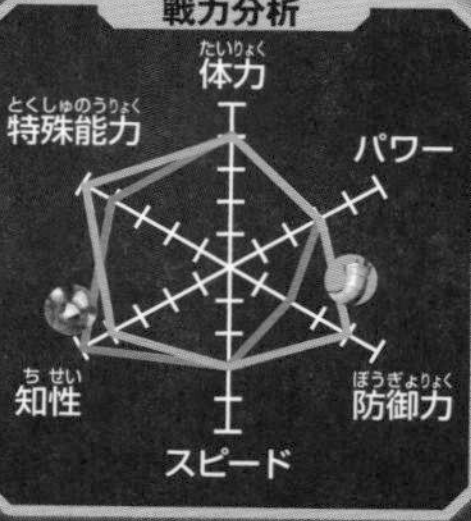

シーン1 ユキヨシさま、りん粉《ぷん》をまきちらす

ミニョコンとユキヨシさまが広《ひろ》い荒野《こうや》で向《む》き合《あ》っている。いきなり柔軟《じゅうなん》な体《からだ》をくねらせながら、ミニョコンがつっかかる。ユキヨシさまは、ひらりと空《そら》を飛《と》んでかわし、羽《はね》からりん粉《ぷん》をまきちらす。

シーン2 ミニョコン、小《ちい》さく分《ぶん》れつ

りん粉《ぷん》の効果《こうか》で、動《うご》きがにぶくなるミニョコン。それでも、むりやり体《からだ》をムチのようにしならせて、飛《と》び上《あ》がったミニョコンは、次《つぎ》のしゅん間《かん》、小《ちい》さく分《ぶん》れつする。小型《こがた》のミニョコンが空《そら》から雨《あめ》のように落下《らっか》して、ぴょんぴょんととびまわりながら、飛行中《ひこうちゅう》のユキヨシさまにしがみつく。重《おも》さのあまり、つい落《らく》するユキヨシさま。

シーン3 ユキヨシさま、小《ちい》さなかたまりに!?

ユキヨシさまは、つい落《らく》と同時《どうじ》にバラバラの小《ちい》さなかたまりに…。それを見《み》たミニョコンは勝利《しょうり》を確信《かくしん》した。しかし気《き》がつくと、辺《あた》り一面《いちめん》、小《ちい》さな幼虫《ようちゅう》のユキヨシさまであふれかえっていた。小《ちい》さなかたまりは、卵《たまご》だったのだ。幼虫《ようちゅう》は、口《くち》からあわをはいて、すべてのミニョコンを包《つつ》みこんでしまう。

Winner!

勝者《しょうしゃ》 ビースト軍《ぐん》 ユキヨシさま

バトル結果《けっか》

成虫《せいちゅう》だったユキヨシさまは、自《みずか》らの生命力《せいめいりょく》と引《ひ》きかえに、卵《たまご》を産《う》んだ。それがふ化《か》するまでの時間《じかん》は10分《ぷん》もかからなかった。親《おや》から子《こ》に、命《いのち》をつなぎ勝利《しょうり》を手《て》にした。

新《あら》たな能力《のうりょく》を開眼《かいがん》させた龍《りゅう》 VS.片翼《かたよく》を失《うしな》った戦略家《せんりゃくか》

吸収《きゅうしゅう》した相手《あいて》の能力《のうりょく》をうばう 八頭《やつがしら》

DATA

分類《ぶんるい》 蛇《へび》（妖怪《ようかい》）
地域《ちいき》 高知県《こうちけん》
時代《じだい》 神話時代《しんわじだい》から
武器《ぶき》 吸収《きゅうしゅう》、人間《にんげん》の頭《あたま》（コブ）攻撃《こうげき》

体長《たいちょう》 4～8m《メートル》
形態《けいたい》 8つの首《くび》を持《も》つ

ドラゴン軍《ぐん》

8つの首《くび》を持《も》つ妖怪《ようかい》で、相手《あいて》を吸収《きゅうしゅう》して能力《のうりょく》を我《わ》が物《もの》にする能力《のうりょく》を持《も》つ。初戦《しょせん》では南米《なんべい》の狼男《おおかみおとこ》・ロビソンを、2回戦《かいせん》では電磁波《でんじは》の生命体《せいめいたい》・スペースクリッターを、3回戦《かいせん》では中南米《ちゅうなんべい》の神《かみ》・ケツァルコアトルをたおし、それらすべての能力《のうりょく》を吸収《きゅうしゅう》してパワーアップしている。

雨《あめ》を自在《じざい》に操《あやつ》る魔法使《まほうつか》い 応龍《おうりゅう》

DATA

分類《ぶんるい》 龍《りゅう》（怪物《かいぶつ》）
地域《ちいき》 中国《ちゅうごく》
時代《じだい》 太古《たいこ》から
武器《ぶき》 雨《あめ》つぶを自由自在《じゆうじざい》に操《あやつ》る

体長《たいちょう》 20～数百m《すうひゃくメートル》
形態《けいたい》 翼《つばさ》の生《は》えた龍《りゅう》

ドラゴン軍《ぐん》

これまで頭《あたま》を使《つか》ったたくみな戦略《せんりゃく》で、ときに相手《あいて》を出《だ》しぬき、ときに相手《あいて》の策《さく》を打《う》ち破《やぶ》ることで勝利《しょうり》を手《て》にしてきた応龍《おうりゅう》。前回《ぜんかい》のビッグフィンガーとの戦《たたか》いで、片方《かたほう》の翼《つばさ》を切《き》られて、飛行《ひこう》能力《のうりょく》はかなり低下《ていか》している。痛手《いたで》を負《お》った状態《じょうたい》で、果《は》たして強敵《きょうてき》・八頭《やつがしら》をたおせるのか？

戦力分析《せんりょくぶんせき》

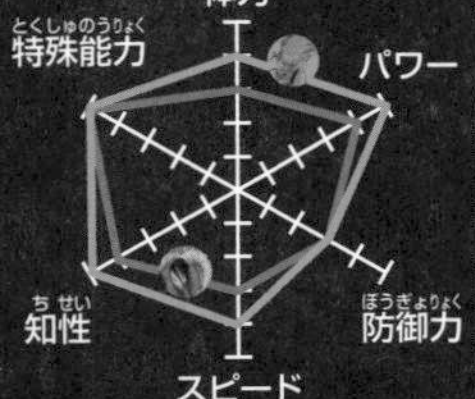

シーン1 八頭《やつがしら》、2本《ほん》の首《くび》で先制攻撃《せんせいこうげき》！

強風《きょうふう》が吹《ふ》きすさぶ中《なか》、ヨタヨタと片翼《かたよく》で低空《ていくう》飛行《ひこう》して向《む》かってくる応龍《おうりゅう》、それを半笑《はんわら》いでながめている八頭《やつがしら》。八頭《やつがしら》の横《よこ》を、応龍《おうりゅう》が行《い》ったり来《き》たりしながらちょう発《はつ》する。とつ然《ぜん》、八頭《やつがしら》の2本《ほん》の首《くび》がかみつき、残《のこ》っていた翼《つばさ》も切断《せつだん》する。悲鳴《ひめい》をあげてつい落する応龍《おうりゅう》。

シーン2 応龍《おうりゅう》、反撃《はんげき》の再生能力《さいせいのうりょく》！

完全《かんぜん》に不利《ふり》になった応龍《おうりゅう》。だが、翼《つばさ》を切断《せつだん》された傷口《きずぐち》から、刃物状《はものじょう》の新《あたら》しい翼《つばさ》が再生《さいせい》する。応龍《おうりゅう》は素早《すばや》く回転《かいてん》すると、八頭《やつがしら》の2本《ほん》の首《くび》を切《き》り落《お》とす。片翼《かたよく》がない状態《じょうたい》で登場《じょう》し、弱《よわ》ったふりをしていたのは、相手《あいて》をゆだんさせる作戦《さくせん》だったのだ。

シーン3 八頭《やつがしら》、新《あら》たな首《くび》が!?

Winner!

勝者《しょうしゃ》 ドラゴン軍《ぐん》 八頭《やつがしら》

形勢《けいせい》が逆転《ぎゃくてん》した。しかし、切《き》り落《お》とされた八《やつ》頭《がしら》の首《くび》からも、スペースクリッターと、ケツァルコアトルの首《くび》が生《は》えてくる。スペースクリッターの電磁波攻撃《でんじはこうげき》と、ケツァルコアトルの炎《ほのお》の攻撃《こうげき》による合《あ》わせ技《わざ》で、応龍《おうりゅう》は絶命《ぜつめい》する。

バトル結果《けっか》

応龍《おうりゅう》は、八頭《やつがしら》をちょう発《はつ》して攻撃《こうげき》させ、刃物状《はものじょう》の翼《つばさ》で首《くび》を切断《せつだん》する作戦《さくせん》に成功《せいこう》する。しかし八頭《やつがしら》も、これまで温存《おんぞん》していた、奥《おく》の手《て》で形勢逆転《けいせいぎゃくてん》し、勝《しょう》利《り》を手《て》にした。

筋肉《きんにく》によるナチュラルパワー VS.宇宙人《うちゅうじん》のハイテクノロジー

悪魔《あくま》の忠実《ちゅうじつ》なしもべ
オーク

金属《きんぞく》の鋭利《えいり》な刃物《はもの》
ドラゴンスネイク

DATA

分類《ぶんるい》 巨人《きょじん》（怪物《かいぶつ》）
地域《ちいき》 ヨーロッパを中心《ちゅうしん》に世界中《せかいじゅう》
時代《じだい》 神話時代《しんわじだい》から
武器《ぶき》 ものすごい怪力《かいりき》

身長《しんちょう》 2m《メートル》以上《いじょう》
形態《けいたい》 緑色《みどりいろ》の体《からだ》の巨人《きょじん》

DATA

分類《ぶんるい》 ロボット (UMA《ユーマ》)
地域《ちいき》 ソロモン諸島《しょとう》
時代《じだい》 20世紀《せいき》から
武器《ぶき》 金属《きんぞく》のような高《たか》い音《おと》を出《だ》す

体長《たいちょう》 10～20m《メートル》
形態《けいたい》 羽《はね》の生《は》えた龍《りゅう》

ビースト軍《ぐん》

前回《ぜんかい》の戦《たたか》いで意気投合《いきとうごう》したサイクロプスとタッグを組《く》むことになり、ここに最強《さいきょう》のパワーコンビが誕生《たんじょう》した。相手《あいて》は予測《よそく》のつかない戦《たたか》い方《かた》をする、ハイテクのドラゴンスネイクだ。いかに、おたがいの長所《ちょうしょ》を引《ひ》き出《だ》しながら戦《たたか》うかが、勝負《しょうぶ》の決《き》め手《て》だ。

戦力分析《せんりょくぶんせき》

ドラゴン軍《ぐん》

ここまで、格闘《かくとう》に適《てき》したドラゴン形態《けいたい》、機動力《きどうりょく》の高《たか》い円盤形態《えんばんけいたい》、攻撃《こうげき》に特化《とっか》した槍状《やりじょう》形態《けいたい》という、3つの形態《けいたい》を使《つか》い分《わ》けながら、たくみに戦闘《せんとう》をくり広《ひろ》げてきた。今回《こんかい》は、ドラゴン形態《けいたい》を、上半身《じょうはんしん》と下半身《かはんしん》の2つに分離《ぶんり》させることで、2体《たい》のビーストにいどむ。

シーン1

オーク、相手《あいて》を地面《じめん》にたたきつける

身構《みがま》えるオークとサイクロプス。ドラゴンスネイクは、ドラゴン形態《けいたい》で上半身《じょうはんしん》と下半《かはん》身《しん》に分離《ぶんり》して、2体《たい》におそいかかる。オークは素早《すばや》く背後《はいご》に回《まわ》り、ドラゴンスネイクの下半身《かはんしん》の尻尾《しっぽ》部分《ぶぶん》をつかんで、地面《じめん》に何度《なんど》もたたきつける。

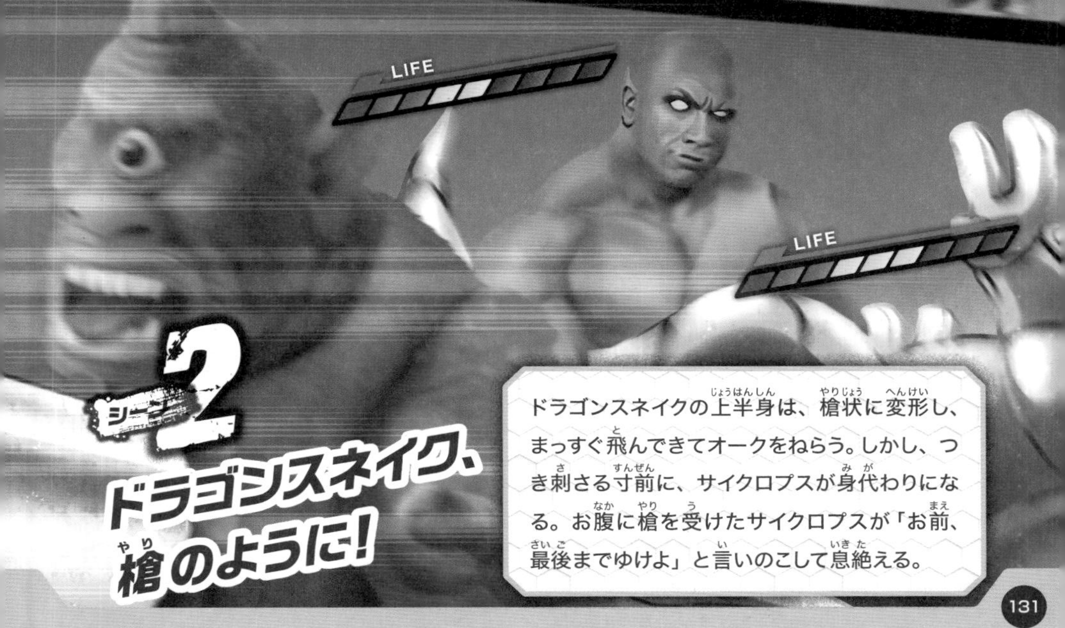

シーン2

ドラゴンスネイク、槍《やり》のように!

ドラゴンスネイクの上半身《じょうはんしん》は、槍状《やりじょう》に変形《へんけい》し、まっすぐ飛《と》んできてオークをねらう。しかし、つき刺《さ》さる寸前《すんぜん》に、サイクロプスが身代《みが》わりになる。お腹《なか》に槍《やり》を受《う》けたサイクロプスが「お前《まえ》、最後《さいご》までゆけよ」と言《い》いのこして息絶《いきた》える。

シー 3 オーク、ふり下《お》ろす 涙《なみだ》の一撃《いちげき》！

オークは涙《なみだ》しながらドラゴンスネイクの下半身《かはんしん》をふり下《お》ろす。２体《たい》のドラゴンスネイクがぶつかり合《あ》って、大爆発《だいばくはつ》を起《お》こす。操《あやつ》っていた宇宙人《うちゅうじん》たちも爆発《ばくはつ》に巻《ま》きこまれて死《し》んでしまう。

バトル結果《けっか》

激闘《げきとう》のタッグマッチは、オーク&サイクロプスが制《せい》した。しかし、相棒《あいぼう》のサイクロプスは息絶《いきた》え、最《さい》後《ご》に戦場《せんじょう》に立《た》っていたのはオークだけだった。

見《み》えない毒針《どくばり》の暗殺者《あんさつしゃ》 VS.龍神界一《りゅうじんかいいち》の剣《けん》の手《て》だれ

DATA

分類《ぶんるい》 神《かみ》
地域《ちいき》 中国《ちゅうごく》、日本《にほん》
時代《じだい》 古代《こだい》から
武器《ぶき》 龍《りゅう》を自由《じゆう》に操《あやつ》る

空飛《そらと》ぶ謎《なぞ》の生物《せいぶつ》

フライングマンタ

DATA

分類《ぶんるい》 クリッター（空中《くうちゅう》に生息《せいそく》するUMA《ユーマ》）の仲間《なかま》
地域《ちいき》 アメリカ、スペイン
時代《じだい》 21世紀《せいき》
武器《ぶき》 毒針《どくばり》

世界最強《せかいさいきょう》のおじょうさん

善女龍王《ぜんにょりゅうおう》

体長《たいちょう》 1～3m《メートル》
形態《けいたい》 海中《かいちゅう》のエイに似《に》ている

身長《しんちょう》 人間《にんげん》と同《おな》じくらい
形態《けいたい》 人間型《にんげんがた》で背後《はいご》に龍神《りゅうじん》をともなう

ビースト軍《ぐん》

透明《とうめい》になり、空中《くうちゅう》をさまよいながら忍《しの》びより、強力《きょうりょく》な猛毒《もうどく》の尻尾《しっぽ》で敵《てき》を殺《ころ》すおそろしい暗殺者《あんさつしゃ》。その手法《しゅほう》で、次《つぎ》つぎと強敵《きょうてき》をほうむりさり、準々決勝《じゅんじゅんけっしょう》まで進出《しんしゅつ》。透明《とうめい》にならずに、姿《すがた》を現《あらわ》した状態《じょうたい》になると、高速《こうそく》で動《うご》いたり、素早《すばや》く攻撃《こうげき》したりすることも可能《かのう》だ。

戦力分析《せんりょくぶんせき》

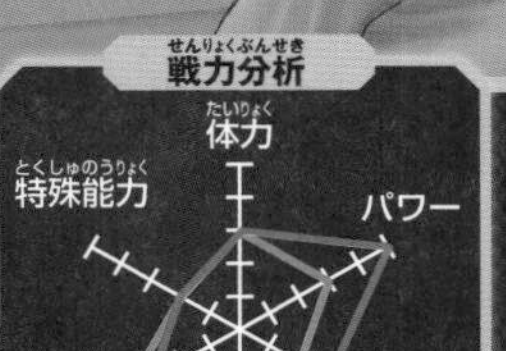

ドラゴン軍《ぐん》

八大龍王《はちだいりゅうおう》の娘《むすめ》である善女龍《ぜんにょりゅう》王《おう》。前回《ぜんかい》の戦《たたか》いでは、毛《け》だらけの獣人《じゅうじん》・藍婆《らんばば》を、遠《えん》かく地《ち》にいながら、圧《あっ》とう的《てき》な龍神《りゅうじん》のパワーで撃退《げきたい》した。実《じつ》は、剣《けん》を持《も》たせたら右《みぎ》に出《で》るものはいない、龍神界《りゅうじんかい》でもっとも優《すぐ》れた剣《けん》の使《つか》い手《て》であり、接近戦《せっきんせん》も得意《とくい》だ。

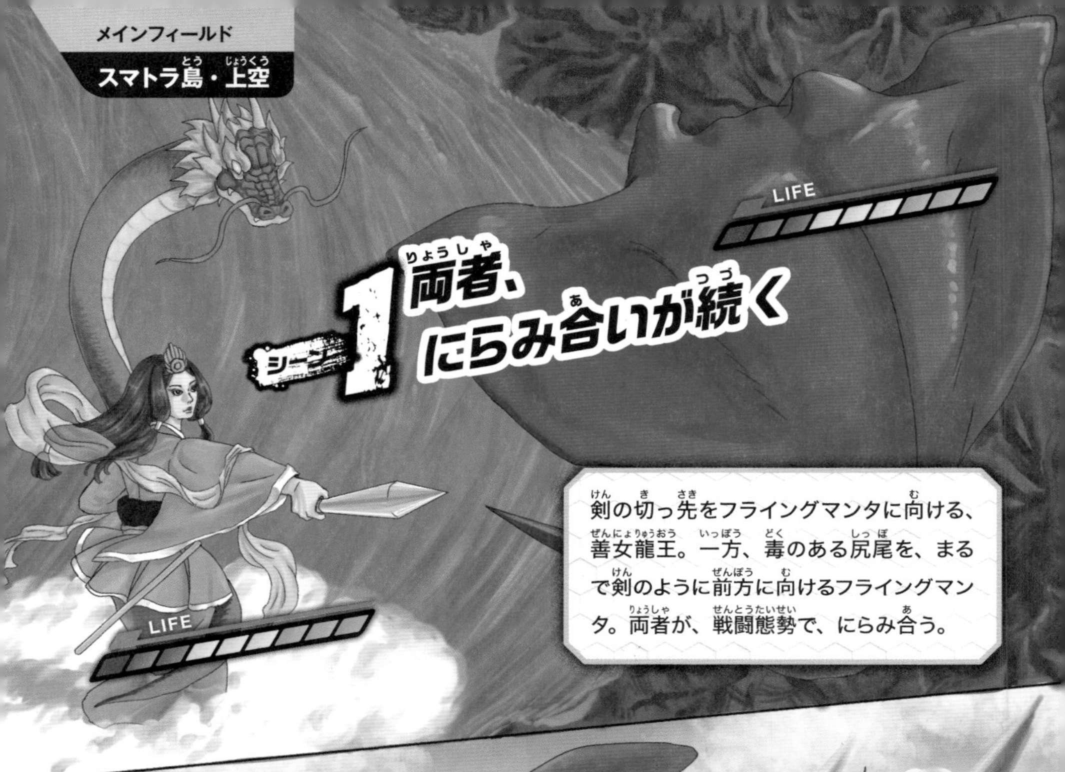

シーン1 両者《りょうしゃ》、にらみ合《あ》いが続《つづ》く

剣《けん》の切《き》っ先《さき》をフライングマンタに向《む》ける、善女龍王《ぜんにょりゅうおう》。一方《いっぽう》、毒《どく》のある尻尾《しっぽ》を、まるで剣《けん》のように前方《ぜんぽう》に向《む》けるフライングマンタ。両者《りょうしゃ》が、戦闘態勢《せんとうたいせい》で、にらみ合《あ》う。

空中《くうちゅう》で、数時間《すうじかん》もにらみ合《あ》ったまま、全《まった》く動《うご》かない両者《りょうしゃ》。ついに、フライングマンタが攻撃《こうげき》を仕《し》かけた。速《はや》い動《うご》きで、何発《なんぱつ》もの強《きょう》れつな突《つ》きをくり出《だ》す。だが善女龍王《ぜんにょりゅうおう》は、冷静《れいせい》に、そのするどい突《つ》きをかわしていく。

シーン2 フライングマンタ、高速《こうそく》の突《つ》き攻撃《こうげき》！

シーン3

善女龍王《ぜんにょりゅうおう》、目《め》を閉《と》じて集中《しゅうちゅう》

とつ然《ぜん》、フライングマンタが姿《すがた》を消《け》す。得意《とくい》の透明《とうめい》になったのだ。善女龍王《ぜんにょりゅうおう》は静《しず》かに目《め》を閉《と》じる。透明《とうめい》になったフライングマンタは、ゆっくりと敵《てき》の背後《はいご》にまわりこむ。そのしゅん間《かん》、剣《けん》を持《も》ちかえた善女龍王《ぜんにょりゅうおう》が、背後《はいご》に向《む》けて突《つ》いた。もんどり打《う》ってたおれるフライングマンタ。

Winner!

勝者《しょうしゃ》 ドラゴン軍《ぐん》 善女龍王《ぜんにょりゅうおう》

バトル結果《けっか》

透明《とうめい》のフライングマンタに尻尾《しっぽ》で突《つ》かれれば、毒《どく》を注入《ちゅうにゅう》される。追《お》いこまれた善女龍王《ぜんにょりゅうおう》は、あえて目《め》を閉《と》じて集中《しゅうちゅう》。相手《あいて》の気配《けはい》で位置《いち》を読《よ》み、しとめることに成功《せいこう》した。

エキシビション Exhibition 03

日本代表《にほんだいひょう》の合成獣《ごうせいじゅう》 VS. 世界代表《せかいだいひょう》の合成獣《ごうせいじゅう》

DATA
分類《ぶんるい》 合成獣《ごうせいじゅう》（妖怪《ようかい》）
地域《ちいき》 長野県《ながのけん》、山形県《やまがたけん》など
時代《じだい》 飛鳥時代《あすかじだい》
武器《ぶき》 頭《あたま》の角《つの》

DATA
分類《ぶんるい》 合成獣《ごうせいじゅう》（妖怪《ようかい》）
地域《ちいき》 京都府《きょうとふ》など
時代《じだい》 平安時代《へいあんじだい》
武器《ぶき》 牙《きば》

DATA
分類《ぶんるい》 合成獣《ごうせいじゅう》（怪物《かいぶつ》）
地域《ちいき》 ギリシャ
時代《じだい》 古代《こだい》から
武器《ぶき》 ひづめ

DATA
分類《ぶんるい》 合成獣《ごうせいじゅう》（怪物《かいぶつ》）
地域《ちいき》 中央《ちゅうおう》アジア、コーカサス山中《さんちゅう》など
時代《じだい》 古代《こだい》から
武器《ぶき》 クチバシ、爪《つめ》

ドラゴン軍《ぐん》

龍馬《りょうま》は、顔《かお》が龍《りゅう》、体《からだ》がウマの妖怪《ようかい》で、聖徳太子《しょうとくたいし》が乗《の》ったという伝説《でんせつ》も残《のこ》る。武器《ぶき》である角《つの》と牙《きば》を駆使《くし》して勝利《しょうり》をねらう。

身長《しんちょう》 ウマと同《おな》じくらい
形態《けいたい》 顔《かお》が龍《りゅう》、体《からだ》がウマ

鵺《ぬえ》は、サルの顔《かお》、タヌキの胴体《どうたい》、トラの足《あし》、ヘビの尻尾《しっぽ》を持《も》っていた妖怪《ようかい》。鎌倉時代《かまくらじだい》に書《か》かれた『平家物語《へいけものがたり》』にも登場《とうじょう》。ドラゴン軍《ぐん》で参戦《さんせん》だ。

身長《しんちょう》 トラと同《おな》じくらい
形態《けいたい》 顔《かお》がサル、胴《どう》がタヌキ、脚《あし》がトラ、尻尾《しっぽ》がヘビ

ビースト軍《ぐん》

ペガサスは、ギリシャ神話《しんわ》に登場《とうじょう》する空《そら》をかける天馬《てんま》で、天上《てんじょう》の神《かみ》・ゼウスに雷《かみなり》を運《はこ》ぶ役割《やくわり》を任《まか》されていた。

身長《しんちょう》 ウマと同《おな》じくらい
形態《けいたい》 ウマの体《からだ》に羽《はね》が生《は》えている

グリフィンは、アジアやギリシャに伝《つた》わる生物《せいぶつ》で、天上《てんじょう》の神《かみ》がみの車《くるま》をひく。ビースト軍《ぐん》は、神《かみ》につかえる伝説《でんせつ》の生物《せいぶつ》によるドリームチームだ。

身長《しんちょう》 ライオンと同《おな》じくらい
形態《けいたい》 上半身《じょうはんしん》がタカ、下半身《かはんしん》がライオン

メインフィールド

南《みなみ》アフリカ共和国《きょうわこく》・テーブルマウンテン

バトル1

ペガサス、先制攻撃《せんせいこうげき》をしかける!

山岳地帯《さんがくちたい》で、両軍《りょうぐん》がにらみ合《あ》っている。風《かぜ》がものすごく強《つよ》い。まず最初《さいしょ》に仕《し》かけたのはペガサスである。ハイスピードで龍馬《りょうま》につっかかっていき、ひづめでキック。龍馬《りょうま》は、肩《かた》を痛《いた》める。鵺《ぬえ》とグリフィンは正面《しょうめん》から組《く》み合《あ》って、両者《りょうしゃ》もんどりうって地面《じめん》にたおれこむ。

バトル2 両者《りょうしや》、合体攻撃《がったいこうげき》で激《げき》とつ！

グリフィンの背中《せなか》にペガサスが飛《と》び乗《の》り、一体《いったい》となってつっこんでいく。それに対《たい》して、鵺《ぬえ》の背中《せなか》には龍馬《りょうま》が飛《と》び乗《の》ってむかえ撃《う》つ。両者《りょうしゃ》、正面《しょうめん》しょうとつする。

バトル 3

混戦《こんせん》を制《せい》するのはどっちだ？

ぶつかりあった４者《しゃ》が、もつれ合《あ》って地面《じめん》にくずれ落《お》ちる。落《らっ》下《か》しながら、龍馬《りょうま》はペガサスに角《つの》を突《つ》き刺《さ》す。鵺《ぬえ》も素早《すばや》く、グリフィンに馬乗《うまの》りになって、急《きゅう》所《しょ》の首《くび》にかみつき、さらに蛇《へび》の毒《どく》を注入《ちゅうにゅう》してしとめる。

バトル結果《けっか》

一進一退《いっしんいったい》の攻防《こうぼう》が展開《てんかい》されたタッグマッチであったが、最後《さいご》は混戦《こんせん》の中《なか》で、龍馬《りょうま》の角《つの》と鵺《ぬえ》の牙《きば》による攻撃《こうげき》によって、ペガサス＆グリフィンの急所《きゅうしょ》をとらえた。

ドラゴン謎《なぞ》コラム３

西洋《せいよう》のドラゴン

―人間《にんげん》がたおすべき魔物《まもの》―

鼻《はな》から火《ふ》を吹《ふ》くドラゴンと戦《たたか》う騎士《きし》。アメリカのイラストレーター、ジェームズ・アレン・セント=ジョン作《さく》、1905年《ねん》刊行《かんこう》の自著《じちょ》の扉絵《とびらえ》。

すうはいはされず、おそれられる存在《そんざい》

日本《にほん》や中国《ちゅうごく》の龍神《りゅうじん》が、神《かみ》として信《しん》こうされることが多《おお》いのに対《たい》して、西洋《せいよう》のドラゴンはあまり信《しん》こうの対象《たいしょう》となることはない。どちらかというと、魔物《まもの》としておそれられることが多《おお》い。一部《いちぶ》の例外《れいがい》をのぞいて、最後《さいご》は、人間《にんげん》の勇者《ゆうしゃ》に成敗《せいばい》されてしまう悪者《わるもの》の役回《やくまわ》りである。

このことは、西洋《せいよう》ではドラゴンが「自《し》然《ぜん》のきょうい」を代表《だいひょう》するものとみなされていることが、大《おお》きな要因《よういん》と考《かんが》えられる。つまり、ドラゴンを打《だ》とうし、乗《の》りこえることは、人間《にんげん》が科学《かがく》の力《ちから》で、自《し》然《ぜん》のきょういに打《う》ち勝《か》つ、ということを意味《いみ》しているのだ。

多頭《たとう》のドラゴン。フランス人画家《じんがか》ジャン・フーケが描《えが》いた装飾写本《そうしょくしゃほん》『エティエンヌ・シュヴァリエの時祷書《じとうしょ》（英語版《えいごばん》）』のさし絵《え》。1452年《ねん》-1460年頃《ねんごろ》の作《さく》

見《み》た目《め》はつばさの生《は》えたトカゲ

東洋《とうよう》の龍《りゅう》と西洋《せいよう》のドラゴンの見《み》た目《め》の特《とく》ちょうは何《なん》だろうか？　西洋《せいよう》のドラゴンは、巨大《きょだい》な翼《つばさ》が生《は》えているのが大《おお》きな特《とく》ちょうである。また、例外《れいがい》をのぞいて、日本《にほん》の龍《りゅう》は2本足《ほんあし》であることが多《おお》いが、西洋《せいよう》のドラゴンは、４本足《ほんあし》のトカゲや恐竜《きょうりゅう》のような姿《すがた》であることが多《おお》い。しかし見《み》た目《め》のかっこよさに比《くら》べ、東洋《とうよう》の龍《りゅう》が神《かみ》のような存在《そんざい》であるのに対《たい》して、西洋《せいよう》のドラゴンは人間《にんげん》の勇者《ゆうしゃ》にもたおされてしまう程度《ていど》だ。知性《ちせい》という面《めん》においても、人間《にんげん》に比《くら》べて大《おお》きくおとっている。

イギリスで描《えが》かれた戦《たたか》う２匹《ひき》のドラゴン。15世紀写本《せいきしゃほん》『ブリタニア列王史《れつおうし》』より。

ウェールズの国旗《こっき》に描《えが》かれるドラゴン。

Battle《バトル》 37→38

準決勝《じゅんけっしょう》

3つの形態《けいたい》を使《つか》い分《わ》ける変身昆虫《へんしんこんちゅう》 VS.8つの能力《のうりょく》をあやつる超生命体《ちょうせいめいたい》

生《い》きるものをことごとく糸《いと》でしばる ユキヨシさま

DATA

分類《ぶんるい》 昆虫《こんちゅう》（妖怪《ようかい》）
地域《ちいき》 養蚕《ようさん》が盛《さか》んな地域《ちいき》
時代《じだい》 20世紀《せいき》
武器《ぶき》 体当《たいあ》たり、糸《いと》

体長《たいちょう》 3～4m《メートル》
形態《けいたい》 カイコに似《に》ている

吸収《きゅうしゅう》した相手《あいて》の能力《のうりょく》をうばう 八頭《やつがしら》

DATA

分類《ぶんるい》 蛇《へび》（妖怪《ようかい》）
地域《ちいき》 高知県《こうちけん》
時代《じだい》 神話時代《しんわじだい》から
武器《ぶき》 吸収《きゅうしゅう》、人間《にんげん》の頭《あたま》（コブ）攻撃《こうげき》

体長《たいちょう》 4～8m《メートル》
形態《けいたい》 8つの首《くび》を持《も》つ

ビースト軍《ぐん》

激戦《げきせん》を勝《か》ち進《すす》む間《あいだ》に、糸《いと》を操《あやつ》る幼虫《ようちゅう》、あらゆる攻撃《こうげき》を防《ふせ》ぐさなぎ、空《そら》を素早《すばや》く移動《いどう》する成虫《せいちゅう》という3形態《けいたい》に自由自在《じゆうじざい》に変形《へんけい》できるように進化《しんか》した。特《とく》に成虫形態《せいちゅうけいたい》の羽《はね》からふりかけられるりん粉攻撃《ぶんこうげき》は、敵《てき》を弱体化《じゃくたいか》させる強力《きょうりょく》な作用《さよう》を持《も》っている。

戦力分析《せんりょくぶんせき》

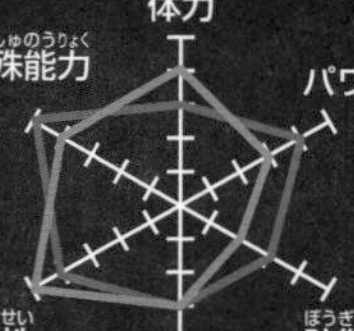

ドラゴン軍《ぐん》

これまで、南米《なんべい》の狼男《おおかみおとこ》・ロビソン、電磁波《でんじは》の生命体《せいめいたい》・スペースクリッター、中南米《ちゅうなんべい》の神《かみ》・ケツァルコアトルを次《つぎ》つぎとたおし、その能力《のうりょく》を取《と》りこんできた。さらに前回《ぜんかい》の戦《たたか》いでは雨《あめ》を操《あやつ》る策士《さくし》・応龍《おうりゅう》を激闘《げきとう》の末《すえ》にたおし、その能力《のうりょく》をも吸収《きゅうしゅう》することで戦闘力《せんとうりょく》をアップさせている。

シーン1 八頭《やつがしら》、火炎放射攻撃《かえんほうしゃこうげき》！

幼虫形態《ようちゅうけいたい》のユキヨシさまが大群《たいぐん》でおし寄《よ》せ、いっせいに口《くち》から白《しろ》いあわをふきかける。視界《しかい》をうばわれた八《やつ》頭《がしら》は、くるったように首《くび》をふって、ケツァルコアトルの首《くび》から火炎《かえん》を放射《ほうしゃ》しまくる。ユキヨシさまは、強《きょう》れつな炎《ほのお》に圧《あっ》とうされる。

シーン2 ユキヨシさま、りん粉《ぷん》をふりかける！

さなぎ形態《けいたい》に変化《へんか》して、火炎放射《かえんほうしゃ》を防《ふせ》ぐ、ユキヨシさま。八頭《やつがしら》は、8本《ぽん》の首《くび》を飛《と》ばしてさなぎに攻撃《こうげき》をしかけ、食《く》らいつくそうとする。ユキヨシさま、すぐさま成虫形態《せいちゅうけいたい》に姿《すがた》を変《か》え、空《そら》からりん粉《ぷん》をふりかける。首《くび》のいくつかは苦《くる》しそうにしている。

シー 3

両者《りょうしゃ》、たがいにトドメをさす！

Winner!

勝者《しょうしゃ》 ドラゴン軍《ぐん》 八頭《やつがしら》

成虫《せいちゅう》が合体《がったい》し、巨大化《きょだいか》したユキヨシさまが、尾《お》の角《つの》を八頭《やつがしら》の心臓《しんぞう》に突《つ》きさそうとせまる。八頭《やつがしら》の首《くび》たちは自《みずか》らたてになり、尾《お》の攻撃《こうげき》から本体《ほんたい》を守《まも》るが、ロビソン、ケツァルコアトル、スペースクリッターの首《くび》を失《うしな》う。しかし、防戦《ぼうせん》しながら、刃物《はもの》のように変形《へんけい》させた尻尾《しっぽ》でユキヨシさまの体《からだ》を切《き》りさく。

バトル結果《けっか》

激戦《げきせん》の末《すえ》、八頭《やつがしら》はなんとか勝利《しょうり》を手《て》にしたが、3つの首《くび》（ロビソン、ケツァルコアトル、スペースクリッター）を失《うしな》った。しかし、新《あら》たにユキヨシ様《さま》を吸収《きゅうしゅう》することに成功《せいこう》した。

真正面《ましょうめん》からぶつかるど根性戦士《こんじょうせんし》
VS.龍世界《りゅうせかい》のプリンセス剣士《けんし》

世界最強《せかいさいきょう》のおじょうさん

善女龍王《ぜんにょりゅうおう》

悪魔《あくま》の忠実《ちゅうじつ》なしもべ

オーク

DATA

分類《ぶんるい》 巨人《きょじん》（怪物《かいぶつ》）
地域《ちいき》 ヨーロッパを中心《ちゅうしん》に世界中《せかいじゅう》
時代《じだい》 神話時代《しんわじだい》から
武器《ぶき》 ものすごい怪力《かいりき》

身長《しんちょう》 2m《メートル》以上《いじょう》
形態《けいたい》 緑色《みどりいろ》の体《からだ》の巨人《きょじん》

DATA

分類《ぶんるい》 神《かみ》
地域《ちいき》 中国《ちゅうごく》、日本《にほん》
時代《じだい》 古代《こだい》から
武器《ぶき》 龍《りゅう》を自由《じゆう》に操《あやつ》る

身長《しんちょう》 人間《にんげん》と同《おな》じくらい
形態《けいたい》 人間型《にんげんがた》で背後《はいご》に龍神《りゅうじん》をともなう

ビースト軍《ぐん》

前《まえ》の戦《たたか》いでは、ハイテクのドラゴンスネイクを相手《あいて》に、サイクロプスとのタッグでいどみ、撃破《げきは》した。オークをかばって命《いのち》を落《お》としたサイクロプスのためにも、決《けっ》して負《ま》けられない。歴戦《れきせん》の中《なか》でつちかった戦闘技術《せんとうぎじゅつ》と怪力《かいりき》、そして熱《あつ》い想《おも》いを武器《ぶき》にして戦《たたか》う。

戦力分析《せんりょくぶんせき》

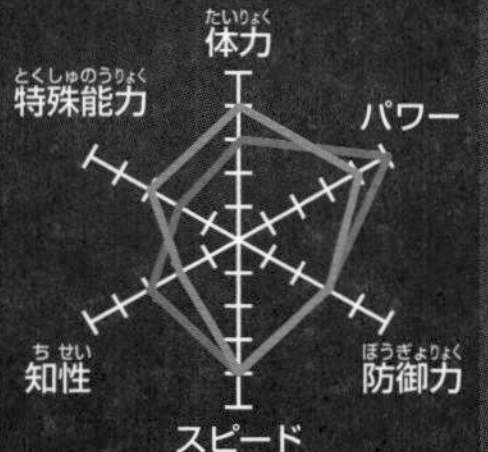

ドラゴン軍《ぐん》

雲《くも》の上《うえ》から龍神《りゅうじん》を操《あやつ》る遠《えん》かく攻撃《こうげき》で、藍婆《らんば》をたおし、さらに目《め》に見《み》えない暗殺者《あんさつしゃ》フライングマンタを剣《けん》による接近戦《せっきんせん》で撃破《げきは》した。ここまで、ほぼノーダメージで、圧《あっ》とう的《てき》な強《つよ》さで勝《か》ちあがってきた八大龍王《はちだいりゅうおう》の娘《むすめ》・善女龍王《ぜんにょりゅうおう》には、死角《しかく》が見当《みあ》たらない。

シーン1 善女龍王《ぜんにょりゅうおう》、強《きょう》れつな剣《けん》の突《つ》き！

人気《ひとけ》がないモントリオールの街《まち》。そのスケート場《じょう》で、鉄《てつ》の棒《ぼう》を肩《かた》にかついで構《かま》えるオーク。その目《め》の前《まえ》には腰《こし》にフェンシングのような細《ほそ》い剣《けん》を持《も》った善女龍王《ぜんにょりゅうおう》がいる。善女龍《ぜんにょりゅう》王《おう》が素早《すばや》く剣《けん》でつく。オークが、それを鉄《てつ》の棒《ぼう》で受《う》けると、粉《こな》ごなにくだけ散《ち》る。

シーン2 オーク、捨《す》て身《み》の一撃《いちげき》！

さらに素早《すばや》い突《つ》きをくり出《だ》す善女龍王《ぜんにょりゅうおう》。オークは、自《みずか》らの左手《ひだりて》で受《う》けとめることで、剣《けん》を固定《こてい》させる。オークは残《のこ》った右手《みぎて》を大《おお》きくのばして相手《あいて》につかみかかる。善女龍《ぜんにょりゅう》王《おう》は、冷静《れいせい》に対応《たいおう》し、腰《こし》に付《つ》けていたもう1本《ぼん》の剣《けん》をぬき、オークの右手《みぎて》もつらぬく。

シー3

善女龍王《ぜんにょりゅうおう》、龍神《りゅうじん》でトドメをさす!?

Winner!

勝者《しょうしゃ》 ビースト軍《ぐん》 オーク

剣《けん》の刃《やいば》が、オークの左右《さゆう》の手《て》をつらぬき、両手《りょうて》が全《まった》く使《つか》えない。その痛《いた》みは相当《そうとう》なものだ。フラフラになったオークに対《たい》して、善女龍王《ぜんにょりゅうおう》はよゆうの表情《ひょうじょう》で、龍神《りゅうじん》に命令《めいれい》を下《くだ》そうとする。しかし、それより一《いっ》しゅん早《はや》く、オークの頭《ず》つきがさくれつし、善女龍王《ぜんにょりゅうおう》は失神《しっしん》してしまった。

バトル結果《けっか》

追《お》いこまれたオークは、こん身《しん》の頭《ず》つきで逆転勝《ぎゃくてんしょう》利《り》をつかんだ。龍神《りゅうじん》に守《まも》られた育《そだ》ちの良《よ》いプリンセスは、生《う》まれてこの方攻撃《かたこうげき》を受《う》けたことがなく、打《う》たれ弱《よわ》かったようだ。

ドラゴン謎《なぞ》コラム 4

世界中《せかいじゅう》にある、ドラゴンへの信《しん》こう

――神《かみ》か、権力者《けんりょくしゃ》の象《しょう》ちょうか、自然《しぜん》の化身《けしん》か――

中国《ちゅうごく》と日本《にほん》でも龍《りゅう》の見方《みかた》はちがう

中国《ちゅうごく》の皇帝《こうてい》の椅子《いす》。たくさんの龍《りゅう》で装飾《そうしょく》されている。
写真：刻意

これまで、東洋《とうよう》と西洋《せいよう》の龍《りゅう》に対《たい》する考《かんが》え方《かた》のちがいについて触《ふ》れてきたが、さらに龍《りゅう》のとらえ方《かた》のちがいについて深堀《ふかぼ》りをしていきたい。

まず、中国《ちゅうごく》と日本《にほん》。同《おな》じ東洋《とうよう》の国《くに》で、龍《りゅう》に敬意《けいい》を持《も》っているとはいえ、その感覚《かんかく》は大《おお》きくちがう。日本《にほん》において龍《りゅう》は、敬意《けいい》を持《も》たれているのと同時《どうじ》に、近所《きんじょ》の龍神《りゅうじん》さんや水神《すいじん》さんというように、身近《みぢか》な存在《そんざい》として、親《した》しみも持《も》たれている。

一方《いっぽう》、中国《ちゅうごく》では、同《おな》じ敬意《けいい》を持《も》つといっても、“龍《りゅう》は皇帝《こうてい》の象《しょう》ちょう”という認識《にんしき》があるため、尊《とうと》い人《ひと》へのおそれがふくまれているのだ。これは一種《いっしゅ》の恐《きょう》怖心《ふしん》と言《い》ってもいいであろう。

同《おな》じ東洋《とうよう》でも、龍《りゅう》のとらえられ方《かた》は、びみょうにちがうのだ。

八大龍王像《はちだいりゅうおうぞう》のひとつ難陀《なんだ》の木彫《きぼ》り像《ぞう》。長野県《ながのけん》伊那市《いなし》にある三澤寺《さんたくじ》に安置《あんち》。
写真：かにみこ

蛇神《じゃしん》へのすうはいは世界中《せかいじゅう》にある

龍《りゅう》や大蛇《だいじゃ》へのすうはいは、何《なに》も日本《にほん》や中国《ちゅうごく》にとどまらない。朝鮮《ちょうせん》、台湾《たいわん》は言《い》うまでもなく、インド、アフリカや南米《なんべい》アメリカ大陸《たいりく》、オーストラリアなど、世界中《せかいじゅう》で蛇神《じゃしん》への信《しん》こうが見《み》られる。

例《たと》えば、オーストラリアの虹《にじ》の大《だい》蛇《じゃ》（→34ページ）、メキシコのケツァルコアトル（→96ページ）、アフリカのグローツラング、インドのナーガなどは、その代表的《だいひょうてき》な例《れい》だ。蛇《へび》が、足《あし》がないにもかかわらず、自《じ》由《ゆう》に動《うご》き回《まわ》れる点《てん》や、脱皮《だっぴ》をくり返《かえ》し成長《せいちょう》していく姿《すがた》に、輪廻転生《りんねてんしょう》（人《ひと》が死《し》んで、生《う》まれ変《か》わることをくり返《かえ》すこと）の象《しょう》ちょうを連想《れんそう》したのであろう。しかし、かつて世界《せかい》中《じゅう》にあったそのような信《しん》こうは、現《げん》在《ざい》、急速《きゅうそく》におとろえてしまった。

インド神話《しんわ》に起源《きげん》を持《も》つナーガ信仰《しんこう》。写真《しゃしん》はカンボジアのベンメリア遺跡《いせき》の像《ぞう》。

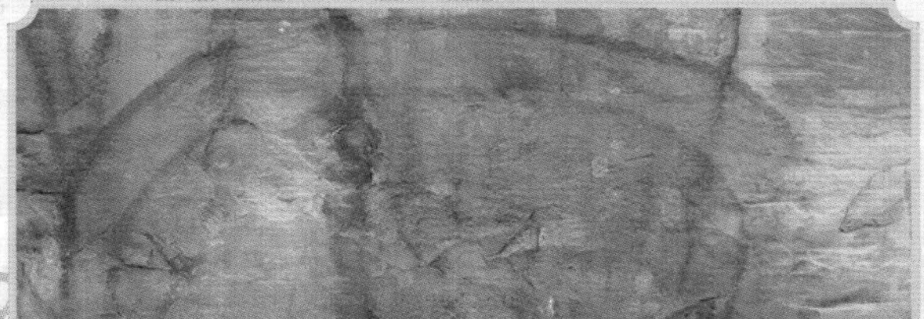

オーストラリア・アボリジニによって岩《いわ》に描《えが》かれた『虹《にじ》蛇《へび》』。

写真：Mark O'Neil

メキシコの古代都市《こだいとし》テオティワカンの遺《い》跡《せき》にあるケツァルコアトル像《ぞう》。

写真：james.

南《みなみ》アフリカ共和国《きょうわこく》リフタスフェルトのオレンジ川近《ちか》くに生息《せいそく》するとされる大《だい》蛇《じゃ》・グローツラング。

イラスト：Jeff McArthur

龍《りゅう》への信《しん》こうがおとろえた原因《げんいん》は？

では、なぜ世界中《せかいじゅう》にはびこっていた大蛇《だいじゃ》・龍《りゅう》への信《しん》こうが一《いっ》気《き》におとろえたのであろうか。その原因《げんいん》は、キリスト教文化《きょうぶんか》のふきゅうである。イギリスで起《お》こった産業革命《さんぎょうかくめい》をきっかけにして、キリスト教《きょう》が世界中《せかいじゅう》に広《ひろ》まったのだ。キリスト教《きょう》では、「蛇《へび》＝サタン（悪魔《あくま》）」と言《い》う考《かんが》え方《かた》がある。人類《じんるい》がかつて暮《く》らしていたエデンの園《その》を追《お》い出《だ》されるきっかけを作《つく》ったのが蛇《へび》であり、そのため、蛇《へび》はきらわれる存在《そんざい》になったのだ。

世界中《せかいじゅう》に広《ひろ》まったキリスト教《きょう》における考《かんが》え方《かた》から、古《ふる》くからあった蛇《へび》や龍《りゅう》への信《しん》こうは、悪魔《あくま》への信《しん》こうと誤解《ごかい》されるようになった。さらに、西洋《せいよう》の、「蛇《へび》や龍《りゅう》が象《しょう》ちょうしている自然《しぜん》のきょういに、人間《にんげん》の力《ちから》で打《う》ち勝《か》つ」という価値観《かちかん》が、世界中《せかいじゅう》に広《ひろ》がっていった。

こうして、世界各地《せかいかくち》に広《ひろ》くあった、蛇《へび》や龍《りゅう》への信《しん》こうは、おとろえていったのだ。

金龍《きんりゅう》（拝殿《はいでん》）

色《いろ》やご利益《りやく》が異《こと》なる５種類《しゅるい》の龍《りゅう》「五龍神《ごりゅうじん》」をまつる東京都《とうきょうと》西東京市《にしとうきょうし》の田無神社《たなしじんじゃ》。拝殿《はいでん》に金龍《きんりゅう》がまつられる。辰年《たつどし》には、特《とく》に多《おお》くの人《ひと》が訪《おとず》れる。

しかし現在《げんざい》、温暖化《おんだんか》をはじめとした数多《かずおお》くの環境問題《かんきょうもんだい》が起《お》こっている地球《ちきゅう》上《じょう》では、自然《しぜん》と人類《じんるい》の共存《きょうぞん》が重視《じゅうし》されてきている。

日本《にほん》では、古《ふる》くから、自然《しぜん》を象《しょう》ちょうする蛇《へび》や龍《りゅう》を身近《みぢか》に感《かん》じ、すうはいしてきた。これからの人類《じんるい》には、このような蛇《へび》や龍《りゅう》とともにあるような、自然《しぜん》と調和《ちょうわ》した社会《しゃかい》が見直《みなお》されていくのではないだろうか。

青龍《せいりゅう》

赤龍《せきりゅう》

白龍《はくりゅう》

黒龍《こくりゅう》

Battle《バトル》 39

決勝《けっしょう》

多《おお》くの技《わざ》をあやつる多面龍《ためんりゅう》 VS. 怪力自慢《かいりきじまん》の狂戦士《きょうせんし》

吸収《きゅうしゅう》した相手《あいて》の能力《のうりょく》をうばう 八頭《やつがしら》

DATA

分類《ぶんるい》 蛇《へび》（妖怪《ようかい》）
地域《ちいき》 高知県《こうちけん》
時代《じだい》 神話時代《しんわじだい》から
武器《ぶき》 吸収《きゅうしゅう》、人間《にんげん》の頭《あたま》（コブ）攻撃《こうげき》

体長《たいちょう》 4～8m《メートル》
形態《けいたい》 8つの首《くび》を持《も》つ

ドラゴン軍《ぐん》

悪魔《あくま》の忠実《ちゅうじつ》なしもべ オーク

DATA

分類《ぶんるい》 巨人《きょじん》（怪物《かいぶつ》）
地域《ちいき》 ヨーロッパを中心《ちゅうしん》に世界中《せかいじゅう》
時代《じだい》 神話時代《しんわじだい》から
武器《ぶき》 ものすごい怪力《かいりき》

身長《しんちょう》 2m《メートル》以上《いじょう》
形態《けいたい》 緑色《みどりいろ》の体《からだ》の巨人《きょじん》

ビースト軍《ぐん》

これまでの戦《たたか》いを通《とお》して、たおした相手《あいて》の能力《のうりょく》を吸収し、強大《きょうだい》な力《ちから》を手《て》にしてきた八《やつ》頭《がしら》。しかし準決勝《じゅんけっしょう》では3つの首《くび》を失《うしな》ったため、決勝《けっしょう》では残《のこ》りの5本《ほん》で戦《たたか》うことになった。しかし、その中《なか》には、応龍《おうりゅう》の首《くび》もふくまれており、まだまだ戦力《せんりょく》は十分《じゅうぶん》だ。

戦力分析《せんりょくぶんせき》

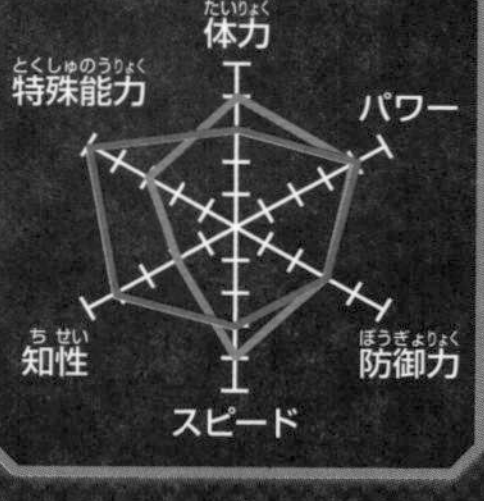

怪力《かいりき》と格闘《かくとう》による臨機応変《りんきおうへん》な戦闘《せんとう》スタイルを好《この》むオーク。準決勝《じゅんけっしょう》では相手《あいて》の両手《りょうて》が使《つか》えないと見《み》るや、素早《すばや》くヘッドバットをくらわせ逆転勝利《ぎゃくてんしょうり》した。両手《りょうて》を負傷《ふしょう》したが、全身《ぜんしん》を武器《ぶき》に戦《たたか》えるオークにとっては大《おお》きな問題《もんだい》ではない。ネバーギブアップの精神《せいしん》で、最終決戦《さいしゅうけっせん》にいどむ。

大島《おおしま》 三原山《みはらやま》・火口付近《かこうふきん》

シーン1 オーク、逆立《さかだ》ち回転《かいてん》キック!

火山口《かざんこう》を間《あいだ》にはさんでにらみ合《あ》う両《りょう》者《しゃ》。八頭《やつがしら》の生《い》き残《のこ》っている５つの首《くび》が切《き》りはなされて飛行《ひこう》し、オークをおそう。すると、オークは逆立《さかだ》ちをし、両足《りょうあし》をくるくると高速回転《こうそくかいてん》させはじめる。接近《せっきん》した首《くび》が、二度三度《にどさんど》、けり飛《と》ばされる。

シーン2 両者《りょうしゃ》、火口《かこう》へ真《ま》っ逆《さか》さまに落《お》ちる

八頭《やつがしら》は、５つの首《くび》をもとにもどすと、もうれつな勢《いきお》いでとっ進《しん》してオークにタックルする。火口《かこう》へつき落《お》とす作戦《さくせん》だが、オークもねばり強《づよ》く、そのままだき合《あ》った状態《じょうたい》で火口《かこう》に落下《らっか》していく。

LIFE
あと少《すこ》しで溶岩《ようがん》に接触《せっしょく》するしゅん間《かん》、八頭《やつがしら》の頭《あたま》のひとつが、火口《かこう》のふちにかみつく。宙《ちゅう》ぶらりんになる両者《しょうしゃ》。
LIFE
シーン3 八頭《やつがしら》、首《くび》でぶらさがる
LIFE
シーン4 オーク、ナイフで首《くび》を次《つぎ》つぎと切断《せつだん》！
LIFE
オークは、ふところからナイフを取《と》り出《だ》し、体《からだ》にまきついた首《くび》を切断《せつだん》。さらに、３本《ぼん》の首《くび》を切《せつ》断《だん》するオーク。最後《さいご》にがけにかみついている、八頭《やつがしら》の残《のこ》り１本《ぼん》の首《くび》を切断《せつだん》しようとする。八頭《やつがしら》を火口《かこう》に落《お》とすと同時《どうじ》に、自分《じぶん》は飛《と》び上《あ》がって逃《のが》れるつもりだ。

そうはさせまいと八頭《やつがしら》は、刃物《はもの》のような尻尾《しっぽ》で、オークを攻撃《こうげき》。しかし、オークはナイフで軽《かる》く攻撃《こうげき》をいなして、怪力《かいりき》で尻尾《しっぽ》を切断《せつだん》する。

5 オーク、尻尾《しっぽ》を切断《せつだん》！

Winner!

勝者《しょうしゃ》 ドラゴン軍《ぐん》 八頭《やつがしら》

そのとき八頭《やつがしら》の1本《ぽん》の首《くび》から準決勝《じゅんけっしょう》でたおしたユキヨシさまの首《くび》が出現《しゅつげん》！ すかさず、りん粉《ぷん》をオークに向《む》かってふきかける。「アッ!」とさけび、目《め》をふさごうとしたオーク。思《おも》わず手《て》をはなしてしまい、そのまま火口《かこう》に落下《らっか》していった。

6 八頭《やつがしら》に新《あら》たな頭《あたま》が！

バトル結果《けっか》

おたがいの能力《のうりょく》をすべて出《だ》し合《あ》う、激《はげ》しい攻防戦《こうぼうせん》の末《すえ》に、八頭《やつがしら》が最後《さいご》の最後《さいご》までかくし玉《だま》として取《と》っておいたユキヨシさまの首《くび》を発動《はつどう》させ、ぎりぎりで勝利《しょうり》を収《おさ》めた。八頭《やつがしら》は、火口《かこう》に落《お》ちる直前《ちょくぜん》にオークを首《くび》でとらえて、吸収《きゅうしゅう》することに成功《せいこう》している。

闘《たたか》いを終《お》えて、バトルをふり返《かえ》る

バトル結果《けっか》発表《はっぴょう》

何《なん》でもありのトーナメント方式《ほうしき》によるドラゴン軍《うん》とビースト軍《ぐん》のバトルは、ドラゴン軍《ぐん》の八頭《やつがしら》の優勝《ゆうしょう》に終《お》わった。バトル全体《ぜんたい》をふり返《かえ》ってみたい。

優勝《ゆうしょう》　八頭《やつがしら》
ドラゴン軍《ぐん》

準優勝《じゅんゆうしょう》　オーク
ビースト軍《ぐん》

3位《い》　ユキヨシさま
ビースト軍《ぐん》

3位《い》　善女龍王《ぜんにょりゅうおう》
ドラゴン軍《ぐん》

八頭《やつがしら》が激戦《げきせん》を制《せい》して優勝《ゆうしょう》！ ドラゴン軍団《ぐんだん》が勝利《しょうり》をつかむ！

決勝戦《けっしょうせん》の八頭《やつがしら》とオークの組《く》み合《あ》わせは、実《じつ》に意外《いがい》であった。作家《さっか》としては、ある程度《ていど》はストーリーを考《かんが》えながら書《か》き進《すす》めていくものであるが、まさかこの二者《にしゃ》が決勝戦《けっしょうせん》で顔合《かおあ》わせするとは思《おも》いもよらなかった。

八頭《やつがしら》の強《つよ》みと言《い》えば、たおした相手《あいて》の能力《のうりょく》を吸収《きゅうしゅう》して自分《じぶん》のものにしてしまう点《てん》であった。これはまさに一度《いちど》うち取《と》った敵兵《てきへい》を自軍《じぐん》の駒《こま》として使《つか》える将棋《しょうぎ》殺法《さっぽう》だ。

一方《いっぽう》で人間性《にんげんせい》を全面的《ぜんめんてき》に打《う》ち出《だ》したのが正々堂々《せいせいどうどう》と戦《たたか》いに挑《いど》むオークであった。モンスターのトーナメントではめずらしい友情《ゆうじょう》シーンや、真正面《ましょうめん》からの武士道《ぶしどう》魂《だましい》を見《み》せてくれた。この試合《しあい》は世紀《せいき》の名勝負《めいしょうぶ》となった。

チーム勝利数《しょうりすう》では、ビースト軍団《ぐんだん》が勝利《しょうり》する！

回戦《かいせん》	ドラゴン軍《ぐん》	ビースト軍《ぐん》
合計勝利数《ごうけいしょうりすう》	18勝《しょう》	21勝《しょう》

今回活《こんかいかつ》やくした強豪《きょうごう》の動《うご》きを追《お》ってみよう。

まず、善女龍王《ぜんにょりゅうおう》だが名家《めいか》の王女様《おうじょさま》らしく、華麗《かれい》な戦《たたか》いで、まずまずの戦績《せんせき》だったが、おじょう様育《さまそだ》ちがマイナス方向《ほうこう》に出《で》てしまった。ユキヨシさまは、怪獣映画《かいじゅうえいが》の「モスラ」をイメージさせる昆虫《こんちゅう》ファイターであるが、変態《へんたい》を駆使《くし》して善戦《ぜんせん》した。

ミミズを思《おも》わせるミニョコンは、細《ほそ》く分《わ》かれる矮小化《わいしょうか》と、合体《がったい》による巨大化《きょだいか》をくり返《かえ》すところが興味深《きょうみぶか》かった。日本《にほん》や中国《ちゅうごく》で人気《にんき》の応龍《おうりゅう》だが真正面《ましょうめん》から戦《たたか》いすぎた感《かん》じがある。もう少《すこ》し頭《あたま》を使《つか》った頭脳戦《ずのうせん》ができなかったものであろうか。

一方《いっぽう》、ドラゴンスネイクのトリッキーなファイトは、心《こころ》をスッキリさせてくれた。長《なが》いトーナメントでは、欠《か》かせないキャラだ。また、フライングマンタの、空間《くうかん》をうまく使《つか》った空中殺法《くうちゅうさっぽう》は、なかなかあざやかなものがあった。

今回《こんかい》のトーナメントは、龍《りゅう》（ドラゴン）の一族《いちぞく》にうまくビースト達《たち》がからみ、勝《しょう》利数《りすう》ではビースト軍《ぐん》が上回《うわまわ》る結果《けっか》となった。

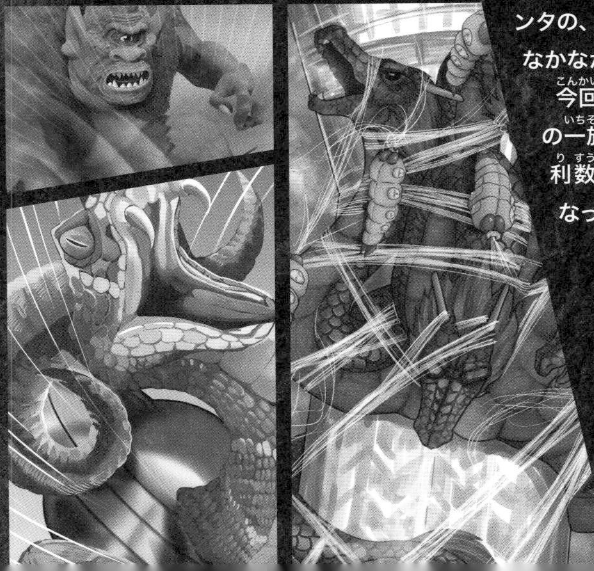

おわりに

最後《さいご》に、この本《ほん》を読《よ》む人《ひと》に僕《ぼく》は言《い》いたいことがある。確《たし》かに本書《ほんしょ》は子《こ》ども向《む》けの本《ほん》だが、筆者《ひっしゃ》の僕《ぼく》は全力《ぜんりょく》を持《も》って取《と》り組《く》んでいる。決《けっ》して子《こ》ども向《む》けの本《ほん》だからといって、手《て》をぬくことはない。本書《ほんしょ》も力《ちから》の限《かぎ》り執筆《しっぴつ》した。

ちなみに、僕《ぼく》には息子《むすこ》がいる。とってもかわいい息子《むすこ》だ。彼《かれ》が小学生《しょうがくせい》になったときに、本書《ほんしょ》を夢中《むちゅう》になって読《よ》んでもらいたい。そんな想《おも》いで、大切《たいせつ》に思《おも》って書《か》いている。僕《ぼく》にとって、子《こ》ども向《む》けの本《ほん》とは「息子《むすこ》へのラブレター」でもあるのだ。

昨今《さっこん》、UMA《ユーマ》やUFO《ユーフォー》をあつかう書《しょ》籍《せき》が増《ふ》えている。ブームであることは、大変《たいへん》よろこばしいことである。しかし、特《とく》に著者名《ちょしゃめい》がはっきりしない本《ほん》や、素人《しろうと》まがいの本《ほん》などが増《ふ》えており、大変残念《たいへんざんねん》な状況《じょうきょう》が続《つづ》いている。

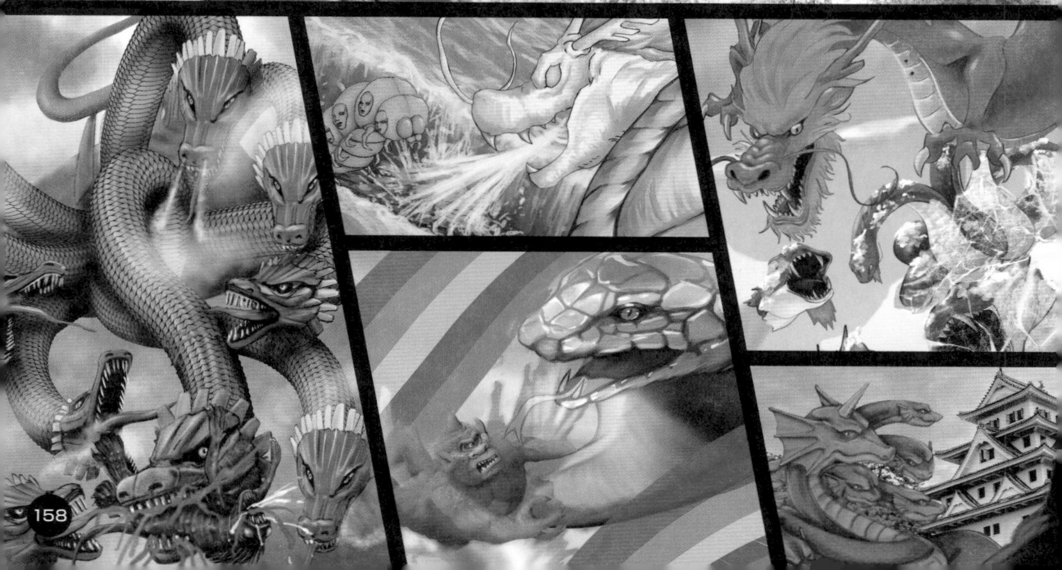

本書《ほんしょ》では、1匹《ぴき》のドラゴンのために多《おお》くの時《じ》間《かん》を費《つい》やし、調《ちょう》査《さ》をしている。1匹《ぴき》のUMA《ユーマ》のために、たくさんの海外本《かいがいぼん》の翻訳《ほんやく》をして、調《しら》べあげている。本《ほん》のすみずみまでモンスター愛《あい》に満《み》ちた本《ほん》、それが本書《ほんしょ》だ。

この本《ほん》には普通《ふつう》の本《ほん》にはのってない、めずらしいドラゴンや変《か》わったビーストを意図的《いとてき》にけいさいさせていただいた。なかなか他《ほか》ではお目《め》にかかれない、変《か》わったモンスターたちを十分《じゅうぶん》に味《あじ》わっていただけたかと思《おも》う。そのような未知《みち》とのそうぐうは、みなさんにとって大《おお》きな刺激《しげき》になるだろう。その体験《たいけん》は、好奇心《こうきしん》や想像力《そうぞうりょく》といった、みなさんの新《あら》たな世界《せかい》の扉《とびら》を開《ひら》くと信《しん》じている。

山口敏太郎《やまぐちびんたろう》

著者

山口敏太郎（やまぐちびんたろう）

作家、オカルト研究家。1996年学研ミステリーコンテストにて「妖怪進化論」で優秀作品賞を受賞。作家としての活動を開始する。歴史小説、社会問題、プロレス・格闘技、漫画原作、不思議分野など広範囲200冊の著作があり、テレビ出演は500回を越える。

現在は執筆・イベント出演に加え、町おこし業務や様々なマネージメント業務も行う。著書は『妖怪vsUMA〈魔物王〉超バトル図鑑』『未確認生物 超謎図鑑』『世界の不思議 超怪奇ファイルXX（ダブルX）』（永岡書店）、『日本の妖怪大百科』（西東社）、『未確認生物案内』（笠倉出版）など多数。出演テレビ番組『怪談グランプリ』（関西テレビ）、『ビートたけしの超常現象Xファイル』（テレビ朝日）、『有吉AKB共和国』（TBS）、『たかじんのそこまで言って委員会』（読売テレビ）、『上沼・高田のクギズケ!』（日本テレビ）、『探偵!ナイトスクープ』（朝日放送）など多数。

YouTubeチャンネル『アトラスラジオ』（https://www.youtube.com/@tortoisecompany/videos）

STAFF

イラスト　おおぐろてん／水無瀬めい／神原めぐみ／黒田文隆／jitari／antan／mimiko／kikazun／愛鷹／黒松三太夫／槙戸耀春／Sel

協力　株式会社ラポールイラストエージェント事業部

装丁・本文デザイン　髙垣智彦（かわうそ部長）

編集協力　高橋淳二 野口武（JET）

いちばん強いヤツはだれだ！？
ドラゴンvsビースト〈凶獣王〉超バトル図鑑

2024年4月10日 第1刷発行

著　者　山口敏太郎
発行者　永岡純一
発行所　株式会社永岡書店
〒176-8518
東京都練馬区豊玉上1-7-14
電　話　03-3992-5155（代表）
03-3992-7191（編集）

DTP　編集室クルー
印　刷　精文堂印刷
製　本　ヤマナカ製本

ISBN978-4-522-44171-8 C8045
乱丁本・落丁本はお取り替えいたします。